BIM 技术
在水利工程设计中的应用

牛立军　黄俊超　著

U0309249

中国水利水电出版社

www.waterpub.com.cn

·北京·

内 容 提 要

本书以一座小水闸为例详细介绍了水利工程设计中如何在 Autodesk Revit 中搭建水工建筑物三维模型。包括建族、扭坡、配筋、标高和轴网、在项目中装配构件、三维地形的创建、创建图纸、在项目中配筋、创建配筋图纸等水利工程设计绘图常用的工作。在书后附有水闸、溢洪道、土石坝、引水建筑物、跌水与陡坡、泵站、重力坝、拱坝、隧洞、渡槽、倒虹吸、橡胶坝、翻板坝、低压管道等 14 种常见水工建筑物的三维模型和在模型基础上生成的图纸供读者参考。

本书可作为水利工程设计人员学习 BIM 的培训教材，也可作为高等学校水利类相关专业的教学参考书。

图书在版编目（CIP）数据

BIM技术在水利工程设计中的应用 / 牛立军，黄俊超著. -- 北京 : 中国水利水电出版社，2019.12(2022.9重印)
ISBN 978-7-5170-8286-6

Ⅰ. ①B… Ⅱ. ①牛… ②黄… Ⅲ. ①水利工程－计算机辅助设计－应用软件 Ⅳ. ①TV222.1-39

中国版本图书馆CIP数据核字(2019)第288769号

书　　名	**BIM 技术在水利工程设计中的应用** BIM JISHU ZAI SHUILI GONGCHENG SHEJI ZHONG DE YINGYONG
作　　者	牛立军　黄俊超　著
出版发行	中国水利水电出版社 （北京市海淀区玉渊潭南路 1 号 D 座　100038） 网址：www. waterpub. com. cn E - mail：sales@mwr. gov. cn 电话：(010) 68545888（营销中心）
经　　售	北京科水图书销售有限公司 电话：(010) 68545874、63202643 全国各地新华书店和相关出版物销售网点
排　　版	中国水利水电出版社微机排版中心
印　　刷	清淞永业（天津）印刷有限公司
规　　格	184mm×260mm　16 开本　16.5 印张　381 千字
版　　次	2019 年 12 月第 1 版　2022 年 9 月第 3 次印刷
印　　数	4001—7000 册
定　　价	**51.00 元**

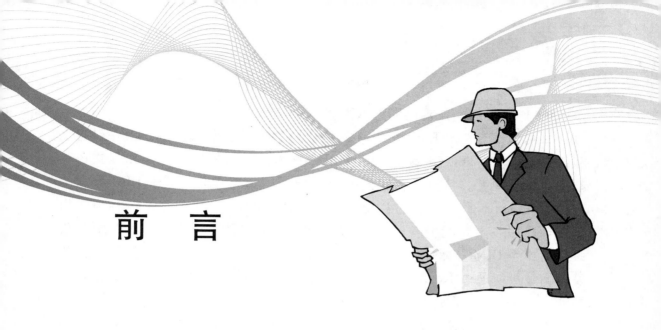

前　言

　　近几年来大家对建筑信息模型（Building Information Modeling，BIM）的认识一般是三维漫游、虚拟场景、协同设计、施工模拟、碰撞试验等可见而不可操作的高大上技术。大量的功能介绍让水利工程设计人员对 BIM 充满了憧憬，但动辄上百万的 BIM 软件以及房屋建筑梁板柱、窗门墙等相关教程或视频又让我们望而却步。

　　其实，BIM 的理念很简单，目标也很明确。它的本质就是把工程全生命周期中所有用到的信息变成参数加载到组成工程的各个模型中，以便于各个阶段都能方便地提取和使用这些信息，并根据信息的使用情况反向修正模型。

　　1975 年，佐治亚理工大学教授 Chuck Eastman 在美国建筑师协会（AIA）发表的论文中第一次提出了一种名为建筑描述系统（Building Description System，BDS）的工作模式，该模式包含了参数化设计、由三维模型生成二维图纸、可视化交互式数据分析、施工组织计划与材料计划等功能。此后，各国学者开始围绕 BDS 概念进行研究，该系统之后在美国被称为建筑产品模型（Building Product Models，BPM），同时在欧洲被称为产品信息模型（Product Information Models，PIM）。最后经过多年的研究与发展，学术界整合 BPM 和 PIM 的研究成果，提出建筑信息模型（Building Information Modeling，BIM）的概念。至此 BIM 成为一种较为普遍的概念，在这种概念指导下，很多商业软件公司相继开发了基于 BIM 概念的软件。其中 Autodesk Revit（简称"Revit"）是 AutoDesk（欧特克）公司于 2002年推出的 BIM 软件，目前已更新到 2020 版本。本书中所有的工作都基于 Autodesk Revit2019 版本进行。之所以选择 Autodesk Revit，主要是它与

AutoCAD 有更好的兼容性和继承性。

本书是作者在对 Revit 三年多潜心研究的基础上创作而成，旨在引导水利行业低成本、低门槛地推广运用 BIM 技术。全书的章节分布和行文语言都是面向初学者。希望读者以此书为向导，从此能够进入基于 BIM 概念的水利工程设计阶段，我们可称此阶段为"甩 CAD"阶段。之所以称为"甩 CAD"阶段，因为我们曾经在 20 世纪 90 年代中后期经历了"甩图板"阶段，而如今 BIM 技术的广泛使用已然成为时代的要求，设计人员所需要的设计图纸可以通过 Revit 中三维模型投影直接得到，并能达到"一处动，处处动"，大大提高了绘图和改图的效率和准确性。

本书在结尾处附有常用水工建筑物的制作实例，这些实例都是在校大四学生在零基础的情况下，按照本书内容学习完成的实习作品，希望能给读者增加学习信心。

本书创作的另一个目的是抛砖引玉，在其他行业 BIM 应用如火如荼的时候，水利依旧平平淡淡，盼望从此水利行业不再是 BIM 难以涉及的领域，水利工程设计人员能够通过 BIM 达到更好的设计运用和成果展现。

本书由华北水利水电大学牛立军、河南济衡工程管理有限公司黄俊超撰写，附录部分分别由董华林、梁燕迪、曾里程、潘继隆、蒋季颖、娄亚坤、韩陆超、闫春瑞、李甜、翟兵勇、葛荣伟、锁晓南、田雪莹、伊力亚尔·迪力夏提制作。秦龙飞、黄体文、韩涛、张学亮均参与了审稿，在此对他们表示衷心感谢。

本书在写作的过程中参考和引用了大量文献资料，在此谨向这些文献的作者表示衷心的感谢！

由于水平有限，加之 Revit 博大精深，肤浅与错误之处在所难免，恳请读者批评指正。

学习交流可加微信号 NLJ6627。

作者

2019 年 8 月

配套培训课程介绍

　　《BIM 技术在水利工程设计中的应用》一书面向水利，面向 BIM 初学者，面世两年多来，得到了读者的广泛好评。诸多水利工程设计、施工、造价、咨询工作者，通过本书打开了 BIM 的大门，多所高校的水利专业把本书作为 BIM 课程教材。

　　应广大读者的强烈要求，本书作者牛立军老师特别录制了《BIM 技术在水利工程设计中的应用》配套培训课程，共 20 课时，总时长 16 小时。

　　由于 BIM 软件涉及多步操作，模型与属性信息复杂交织，静态的文字语言和图表很难展现丰富的 BIM 应用技巧，通过视频方式讲授，读者更易快速掌握。

　　作者在本套视频中以书中目录为主线，结合多年的教学经验，用极具生活和亲和力的语言把复杂高难的技术技巧详细演示，把对 BIM 的理解和对水利的理解融合在一起。视频将教会大家参数化三维建模、基于三维工程创建图纸和表格、基于三维模型配置三维钢筋并生成配筋图，以及利用赠送的插件标注钢筋和生成钢筋表。

　　作者在本套视频中补充了近几年一些新的研究成果，共 20 课：第 1 课水利 BIM；第 2 课 认识 Revit；第 3 课 看懂工程图纸；第 4 课 进水渠族的创建；第 5 课 铺盖段族的创建；第 6 课 闸室族的创建；第 7 课 消力池族的创建；第 8 课 出水渠族的创建；第 9 课 族参数的三维标注；第 10 课 标高和轴网；第 11 课 装配工程；第 12 课 视图标注；第 13 课 绘制图框；第 14 课 创建图纸和绘制表格；第 15 课 检修桥板配筋；第 16 课 启闭机平台配筋；第 17 课 闸墩配筋；第 18 课 闸底板配筋；第 19 课 钢筋标注；第 20 课钢筋表。

在水利行业推广应用 BIM 已刻不容缓，提高设计质量、缩短设计周期、避免重复劳动、减少图纸错误、决策与专业沟通目前只能采用 BIM 技术。这套视频用 MP4 格式，可在电脑、手机、电视等媒体上播放。积财千万，不如薄技在身。本配套培训课程可供读者随时随地，利用业余时间、零碎时间，抓住时机尽快掌握 BIM 技术。本配套培训课程具体内容请读者扫描下方二维码购买学习。

作者随本配套培训课程编制了诸多资源，赠送针对 Revit 二次开发的一些插件（含钢筋标注插件和钢筋表统计插件），以方便读者在实际工作中应用。读者扫描下方二维码，输入封底激活码进行激活，即可免费学习。

目　录

第一章
认识 Autodesk Revit

要了解 Autodesk Revit，得先说一下 AutoCAD。AutoCAD（Autodesk Computer Aided Design，计算机辅助设计）是 Autodesk（欧特克）公司首次于 1982 年开发的计算机辅助设计软件，用于二维绘图、详细绘制、设计文档和基本三维设计，现已经成为国际上广为流行的绘图工具，是各类工科院校的必修课。目前 AutoCAD 已发展到 2019 版，其功能不断增强，智能化程度不断提高，仍然是详细绘制二维工程图的主要工具。

AutoCAD 最早应用于机械行业，之后延伸到了建筑、桥梁、电力等行业。水利工程设计是应用 AutoCAD 最慢的行业，直到在 20 世纪 90 年代末期才全面丢开了图板，进入了以 AutoCAD 为平台的电脑绘图阶段，这次变革为提高水利工程的设计效率和图纸质量做出了贡献。如今，以 Autodesk Revit 为代表的 BIM 三维建模软件在建筑和土木领域中如火如荼的应用，让我们水利工作者再一次看到了当年推广应用 AutoCAD 的类似情形。

BIM 是以三维模型为基础，从设计、施工到工程运行的虚拟仿真和信息化。自 2002 年以来，国际建筑行业兴起了以 BIM 为核心的建筑信息化应用。在建筑设计行业，Revit 在一定程度上实现了 BIM 理念，通过应用关系数据库来创建三维建筑模型，应用这个模型，可以生成二维工程图纸和管理大量相关的、非图形的工程项目数据。绘制图纸的基本元素不再是 CAD 中的点、线、面、图块等基本几何元素，而是墙、窗、梁、柱等建筑专业对象图元，并且使用建筑构筑物语言来描述建筑信息。

Revit 有三个产品：Revit Architecture（建筑）、Revit Structure（结构）和 Revit MEP（设备），也可以三合一使用。

虽然 Revit 是为建筑业开发的，但由于其可以自定义"族"，所以水利行业也可以使用。

一、Autodesk Revit 的界面

成功安装 Autodesk Revit 之后，在桌面上会出现快捷图标，双击后出现如图 1-1 所示界面。

点击"项目"区域的"新建"，弹出如图 1-2 所示的对话框。

选择"建筑样板"或点击"浏览"按钮选择样板。单击"确定"。显示如图 1-3 所示。

图 1-1 "项目"和"族"

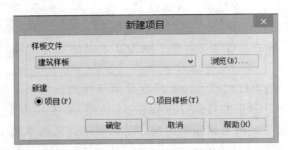

图 1-2 新建项目对话框

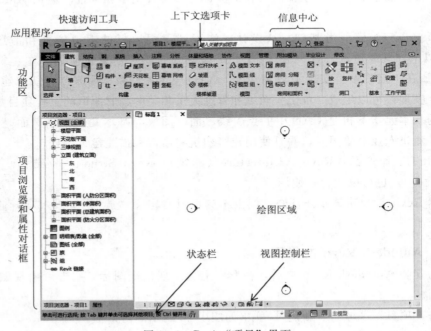

图 1-3 Revit "项目"界面

熟悉一下各个区域的名称是很有必要的：一是有利于在 Revit 中顺利操作；二是有利于顺畅阅读其他 Revit 方面的书；三是有利于和同行交流。如果不熟悉这些区域，就会在操作或阅读相关书籍时磕磕绊绊，与同行沟通时不知所云，所以记住这些区域是基本的要求。

　　下面详细介绍"项目"界面，把"功能区"放大，如图 1-4～图 1-6 所示。

图 1-4　"建筑"选项卡的功能区

图 1-5　"结构"选项卡的功能区

图 1-6　"系统"选项卡的功能区

　　"建筑"就是 Revit Architecture，"结构"就是 Revit Structure，"系统"就是 Revit MEP，图 1-3 显示的界面是三合一版本，所以这三个产品都有。

　　一座房屋建筑工程实际包含五个专业："建筑"负责户型、布置设计；"结构"负责承重构件、配筋设计；"水"负责上下水管道系统设计；"电"负责强电（动力、照明等）、弱电（网线、电话等）设计；"暖"负责通风、空调设计。大致是这样分的，无论一座大厦有几千张图纸，大致就是这五种。在 Revit 中水、电、暖三个专业都合在了"系统"（Revit MEP）中。

二、Revit 中"族"的概念

　　Revit 的用户界面有多种功能区，这些功能区有窗、门、天花板、幕墙、梁、柱、管道、零件等，也就是说房屋建筑里边用到的构件 Revit 里应有尽有。但是水利工程中需要用到的构件，比如护坡、铺盖、闸墩、闸底板、渡槽、倒虹吸、隧洞等在 Revit 中却一个也没有，所以不能像房屋建筑一样利用现有的零件直接组装，需要先创建这些构件。

　　Revit 使用了"族（Family）"的概念，也就是"家族"的意思。如"窗"家族、

3

"门"家族等。Revit 中的族可以分为三类，分别是"系统族""内建族""可载入族"。

这些"功能区"中的族称为"系统族"，是已经在"项目"中预定义的，只能在"项目"中使用，目前 Revit 只预定义了房屋建筑的"系统族"。

"内建族"是在当前项目中新建的族，只能存储在当前的项目文件里。内建族是一般很少用到的非通用构件。

"可载入族"是使用"族样板"在"族"编辑器中创建的".rfa"文件，创建好后，可以载入到"项目"中，具有高度可自定义的特征，因此可以用于创建水利工程中需要的构件。

"族"编辑器就是创建"族"的工厂，"族样板"就是创建"族"的车间。这些"族"就像各种形状的积木一样，但这些创建好的族各个尺寸不是固定的，可以将它们的长、宽、高、转角等定义为可变的，这样，将它们载入到项目中后可以改变它的长短大小等，这就叫"参数化"建族。我们水利工程中用到的各种构件大多是"可载入族"，需要用"族编辑器"和"族样板"来创建。

三、"族编辑器"和"族样板"

在了解了"项目"的这些区域后，如何退出"项目"呢？点击用户界面左上角的"应用程序"按钮后，在弹出的菜单栏下方点击"关闭"，返回到图 1-1 的状态，即退出了"项目"。

在图 1-1 所示的界面，选择"族"区域中的"新建"后弹出如图 1-7 所示的对话框。

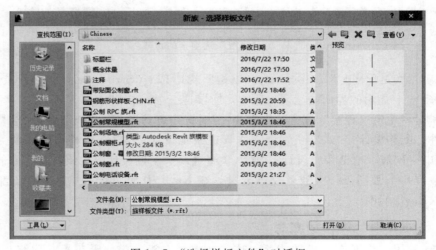

图 1-7 "选择样板文件"对话框

在这个对话框中需要选择族的样板文件，这里的样板文件可以看作是创建"族"的车间。打个比方，制作桌子需要用制作桌子的车间，而不能使用制作窗户的车间。水利工程中的大部分族的创建，使用"公制常规模型"车间。点击"打开"进入图 1-8 所示的"族编辑器"界面。

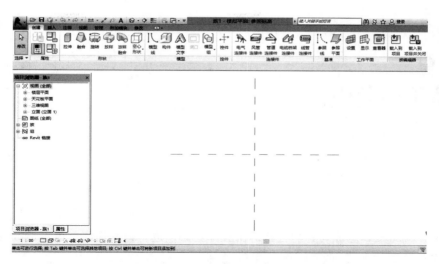

图 1-8 "族编辑器"界面

　　首先看一下"族编辑器"的"功能区",这里提供的不是窗、门等现成的构件,而是"拉伸""融合""旋转""放样"等制作构件的工具。

　　所以创建水利工程中的族,就是在"公制常规模型"车间中,利用"拉伸""融合""旋转""放样"等工具生产出水利工程中的构件。

　　创建水利工程的三维模型,就是要用上述方法创建各种各样的水利工程的构件,将它们参数化,最后组装起来的过程。

　　本章主要是对 Revit 的建模理念有一个初步的了解和认识,从第二章开始,我们以一个小水闸为例,开始动手建立模型。

第二章
看懂工程图纸

　　图纸是工程师的语言，业主单位、设计单位、监理单位、施工单位等工程信息的交流也主要依靠图纸，想成为一名合格的工程师，必须进行识图训练。原本最好的训练方法就是多读图，现在更好了，如果在读懂图纸之后用 Revit 画出三维模型，然后在 Revit 中依据三维模型再生成工程图纸，这样有助于深度理解图纸，甚至能修正图纸的错误。

　　试读下面的两张图纸（图 2-1 和图 2-2），它们是一个小水闸（只有 1 孔）的平面图和纵剖面图。

　　先看上游引渠段，在这一段中有 M10 浆砌石护坡和护底，还有垫层。在纵剖视图中可以看出护底是厚度 300mm 的浆砌石，齿墙深度 500mm，下面有 150mm 厚的碎石垫层。在平面图和纵剖视图中均可看出左右两岸的护坡均为 1∶2 的 M10 浆砌石护坡，护坡的高度是 1.5m，长度 4000mm，但护坡的厚度看不出，需要一个侧视图。在平面图中有Ⅰ—Ⅰ、Ⅱ—Ⅱ、Ⅲ—Ⅲ、Ⅳ—Ⅳ剖视线，我们要根据剖视线找图。

　　从图 2-3 中可以看出，护坡厚度是 30cm，护坡下的垫层是 15cm，坡顶平台宽度是 400mm，平台下的垫层是这样的形状。同时，也能看出护坡脚与护底的结合方式。

　　Ⅳ—Ⅳ剖面图中的底板不是上游引渠段的护底而是铺盖，首先看图中的中心线，左边是铺盖的齿墙部分，是铺盖的最左端，右边是铺盖的最右边，紧挨着闸室段。在铺盖段左右两岸不是护坡，是由护坡截面到重力式挡土墙截面的过渡体，这个过渡体我们水利上称为扭坡。扭坡用二维三视图很难表达，但在 Revit 中可以用放样融合工具做出来。

　　图 2-4 为水闸及其部分构件的模型三维视图。

　　在读图的过程中要想象实际的样子，可以对照着图 2-4 中 Revit 画的三维模型再看图纸，这样反复比较，非常有助于读懂图纸。

　　在学习时要多看图，把图纸看熟，一看图纸时就能想象出物体的三维形状，在做三维建模时便能得心应手。

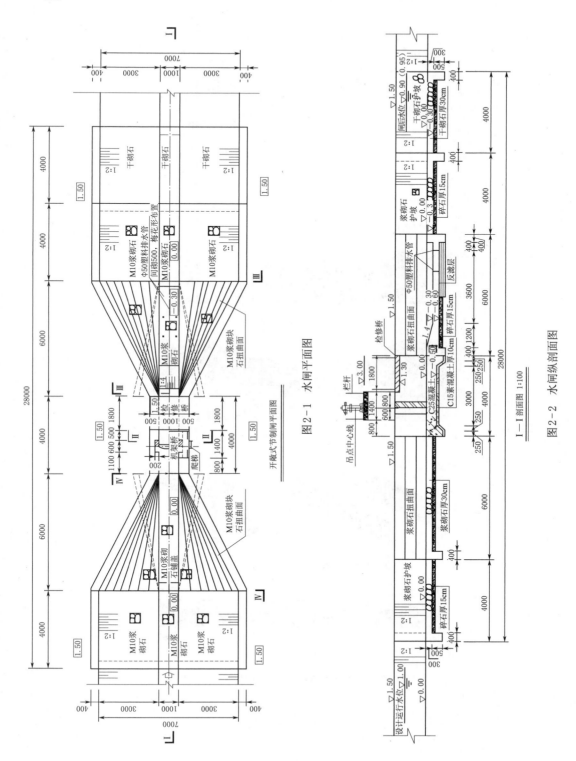

图 2-1 水闸平面图

图 2-2 水闸纵剖面图

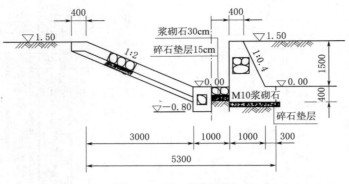

图 2-3 Ⅳ—Ⅳ剖面图

（a）水闸模型三维视图

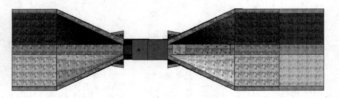

（b）水闸模型俯视图

（c）护坡和碎石垫层 （d）扭坡

（e）消力池

图 2-4 水闸及其部分构件的模型三维视图

第三章
开始建族

从本章开始建族，在图3-1中，选择"族"区域中的新建，弹出图3-2所示的对话框。

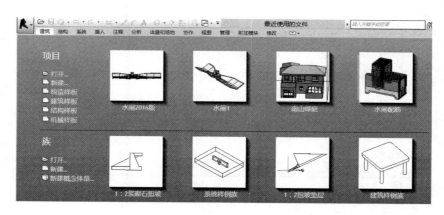

图3-1 选择"族"区域中的新建

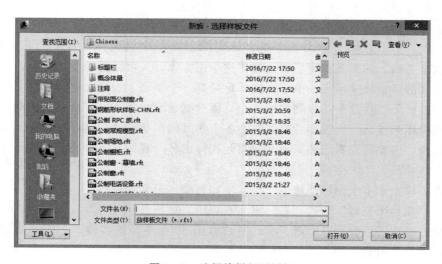

图3-2 选择族样板对话框

在列出的族样板（.rft）对话框中选择"公制常规模型"。我们大部分水利工程中的族都是通过"公制常规模型"样板做的，如果电脑中没有这个文件，可以到网上搜索一下，下载后拷到上面的文件夹下面。

打开"公制常规模型"后进入图 3-3 所示的界面，这个界面中的布局与第一章介绍的"项目"中的界面类似。"功能区"有各种工具用来建族，左侧有"项目浏览器"和"属性对话框"，关键看一下"绘图区"，"绘图区"中心是一个虚线"十"字，思考一下这个虚线十字是什么。

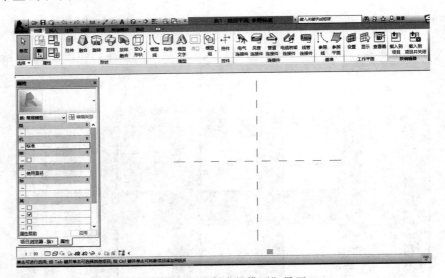

图 3-3　"公制常规模型"界面

在图 3-3 中点击左下角的"项目浏览器"选择按钮，如图 3-4 所示。

在"项目浏览器中"点开"楼层平面""天花板平面""立面"左侧的"＋"号。会看到，楼层平面、天花板平面、前、右、后、左。

以绘制一个正方体为例，一个正方体实际上是一个六面体，有上、下、左、右、前、后六个平面。如果是在现实中去制作这个正方体，人可以围着物体转动，去观察它在各个角度的形状尺寸特征。由于电脑屏幕只是一个平面，想要在电脑屏幕上画出三维的物体，就必须要将这个三维物体的各个立面分别显示在屏幕上，换而言之就是观察者不动，让物体来转动，让观察者看到它在各个角度的形状尺寸。这就是虚拟世界与现实世界的区别，因此需要我们熟练地掌握空间物体的各个视图。各个视图的看图方向示意图如图 3-5 所示。

现在，应该知道上面那个虚线"十"字，是楼层平面的视图。

双击"项目浏览器"中的"右"进入右视图，如图 3-6 所示。

其他的视图可以分别点开看一看，结合着图 3-5 不断地转换，一定要熟练，不断地练习自己的空间想象能力。三维的物体是画不出来的，只能画它的面，通过面来"构造"三维物体。

图 3-4　项目浏览器

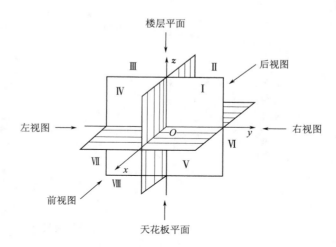

图 3-5　各个视图的看图方向

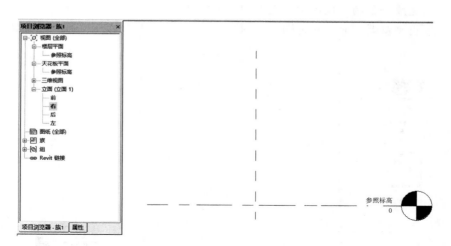

图 3-6　右视图

　　如何通过面来"构造"体呢？Revit 提供了图 3-7 所示的"构造"工具，这些工具会经常用到。

　　下面开始水闸族的创建。

　　水闸上游有两段：引渠段和铺盖段。引渠段有六个部分需要建族，分别是左、右侧浆砌石护坡、左、右护坡碎石垫层，中间的护底和垫层。

　　下面讲解如何创建左侧浆砌石护坡。

　　左侧护坡各部分的尺寸如图 3-8 所示。下面是做图步骤。

图 3-7　由面"构造"体的工具

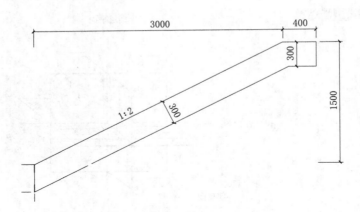

图 3-8 左侧护坡尺寸

一、绘制轮廓

(1) 新建族→公制常规模型，进入到族编辑器。

(2) 项目浏览器立面→右视图，如图 3-9 所示。

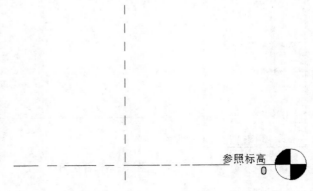

图 3-9 右立面视图

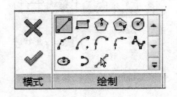

图 3-10 绘制功能

（3）点击拉伸工具→进入绘制功能→选择直线，如图 3-10 所示。

（4）选择坐标原点→向右拉出 3000→点击鼠标左键，拉出一条 3000mm 长的红色直线，如图 3-11 所示。

在绘制的过程中，往上滚动鼠标中轮可放大图形，往下滚动中轮可缩小图形，按住中轮可移动图形。

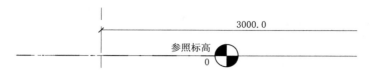

图 3－11　向右绘制直线

（5）向上拉出 1500mm 的垂直直线，如图 3－12 所示。

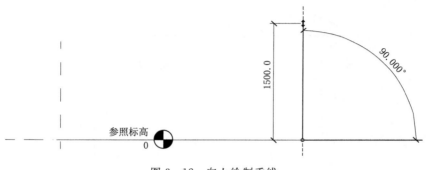

图 3－12　向上绘制垂线

（6）连接垂线末端与水平线起点，画出斜线（即 1∶2 的斜坡），如图 3－13 所示。

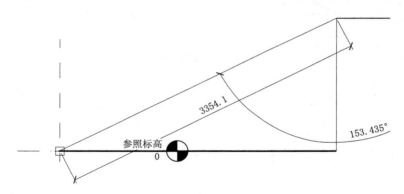

图 3－13　绘制 1∶2 的斜线

（7）绘制 400mm 的平台，如图 3－14 所示。

（8）选中垂线，按"Delete"键删除垂线，用同样的方法删除水平线。

删除后如图 3－16 所示。

画护坡的下部轮廓要用到"修改"中的"偏移"工具，如图 3－17 所示。

图形在创建的过程中经常用到"修改"中的工具，这些工具有"对齐""偏移""镜像""延伸""裁剪"等，熟练使用这些工具对做图帮助很大。像木工一样，使用工具的熟练程度代表了木工的水平。

（9）选择"偏移"→在偏移量中输入"300"→将光标分别放到斜坡和平台，出现

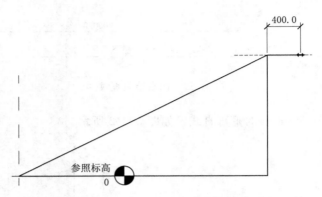

图 3-14 绘制 400mm 的平台，绘制完后按 "Esc" 键

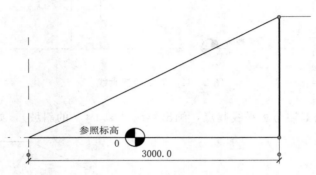

图 3-15 删除垂线

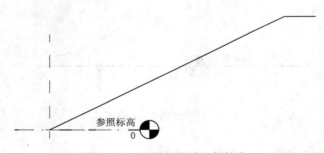

图 3-16 画好的护坡上部轮廓

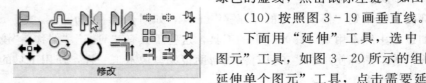

图 3-17 "修改" 用的工具

绿色的虚线，点击鼠标左键，如图 3-18 的组图。

（10）按照图 3-19 画垂直线。

下面用 "延伸" 工具，选中 "修剪/延伸单个图元" 工具，如图 3-20 所示的组图。选中 "修剪/延伸单个图元" 工具，点击需要延长的护坡下部轮廓线。

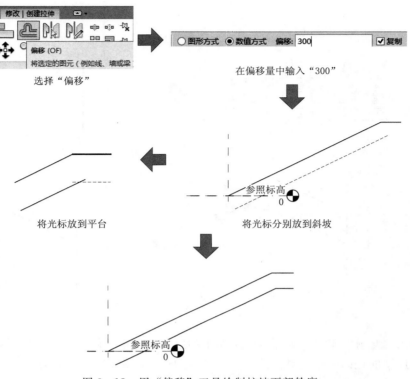

选择"偏移"

在偏移量中输入"300"

将光标放到平台

将光标分别放到斜坡

参照标高 0

参照标高 0

图 3-18 用"偏移"工具绘制护坡下部轮廓

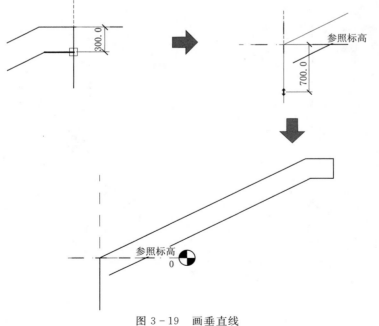

参照标高

参照标高 0

图 3-19 画垂直线

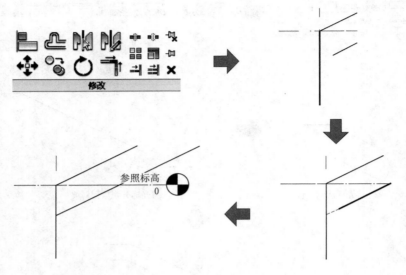

图 3-20   延伸图元

　　下面用"修剪"工具，如图 3-21 所示的组图。选中"修剪/延伸单个图元"工具，修剪和延伸用的是同一个工具。选中"修剪/延伸单个图元"工具，点击作为剪刀的图元，再点击需要修剪的图元的保留部分。

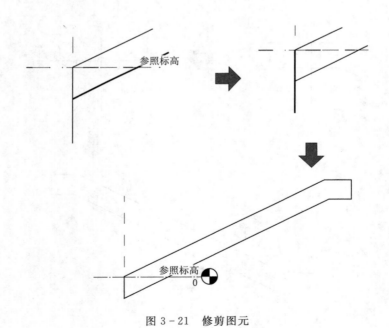

图 3-21   修剪图元

至此，护坡的轮廓线画完了。

画完轮廓线后先不要急着拉伸，我们需要对这个轮廓线进行参数化。

什么是"参数化"？我们希望建的各种"族"的尺寸不能固化，要让它适应于工程的需要可改变尺寸大小，否则我们画的族适用性就比较差了，如果每个工程都要建自己的族，那么建族的工作量会很大。我们希望建的族可根据工程实际的布置能够在改变参数后可以尽量重复使用。

二、参数化

（1）选择"注释"上下文选项卡→"对齐"→选中护坡上下轮廓线→在图形外边点击鼠标左键→同样标出平台的厚度→标出护坡的水平宽度→标出平台的水平宽度→标出护坡的高度，如图 3-22、图 3-23 所示。

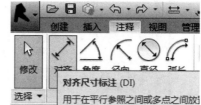

图 3-22 "对齐"注释

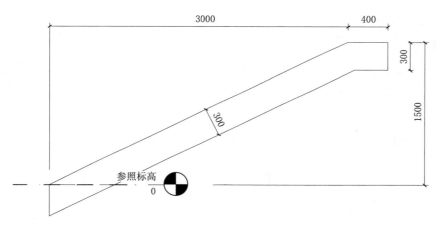

图 3-23 给护坡轮廓线标尺寸

（2）添加参数。选中护坡的厚度的标注→在"标签"处的下拉菜单中点击"添加参数"→在弹出的"参数属性"对话框中的"名称栏"填写参数的名称：护坡厚度→选中"实例"左侧的黑点，点击"确定"→用同样的方法，添加如图 3-24 所示的所有参数。

（3）护坡长度参数的添加。护坡长度就是我们要拉伸的长度，在这个横截面轮廓中是看不到的，如何添加呢？

点击左下角的"属性"进入属性对话框→点击"关联族参数"按钮→进入关联族参数对话框→点击"添加参数"→进入"参数属性"对话框→添加名称"护坡长度"，点击"确定"，如图 3-25 所示。

至此参数就添加完了。选择"类型"和"实例"的不同之处在于，当族载入到项目中后，如果上面选择的是"类型"，则改变参数后，创建的所有护坡都会同时改变尺寸；

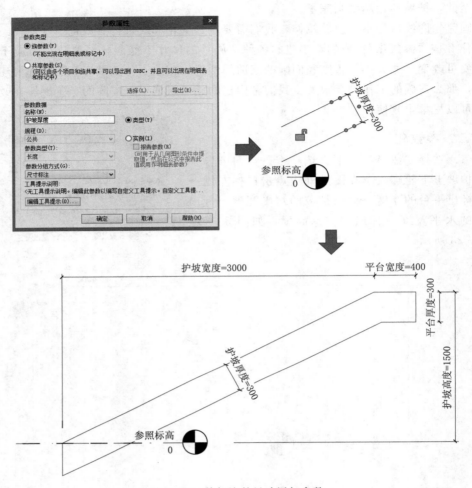

图 3-24 给标注的尺寸添加参数

反之，如果上面选择的是"实例"，则只单纯地改变选中的护坡。

三、拉伸

轮廓绘制完，也添加了参数，点击"绘制"中的绿色"✔"，即可完成拉伸，如图 3-26 所示。这时，三维的实体就构造完成了。

四、看三维实体

如何能看到做好的三维实体呢？可点击"快速访问工具"中的"⌂"图标。点击图标后若出现"最近没有保存项目"对话框，选择"保存项目"，在弹出的"另存为"对话框中选择桌面，在桌面新建文件夹，并改名为"水闸族"文件夹，进入"水闸族"文件夹，将文件命名为"浆砌石护坡"，点击"选项"，最大备份数改为 1，点击"确定"，如图 3-27 的组图。

18

图 3-25　护坡长度参数的添加

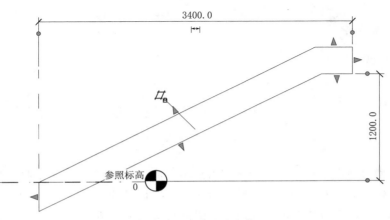

图 3-26　构造三维实体

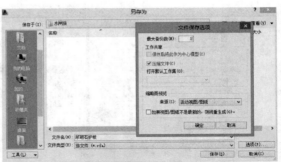

图 3-27 保存文件

用户界面切换为三维视图后，同时按下鼠标中键和"Shift"键，移动鼠标，可以从不同的角度观察三维模型，如图 3-28 所示。

五、测试参数

参数设置完成并且可以看到三维实体形状后，要测试一下上面添加的那些参数是否起作用，这一步很重要，这将测试上述参数化是否已经成功，以便于在"项目"中改变这些参数。

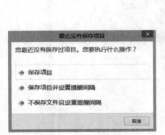

图 3-28 观察三维实体

选中三维实体，点开功能区的"族类型"按钮"⊞"，弹出族类型对话框，如图 3-29 所示的组图。

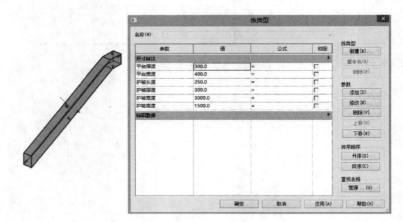

图 3-29 弹出族类型对话框

在族类型对话框中每改变一个参数后点击"应用"按钮，观察三维实体的形状和尺寸是否有变化。如果看不到可以点着"族类型"对话框的上边的活动条移动，将护坡长度改为 4000mm，点击"确定"按钮，返回到模型三维视图，如图 3-30 所示，参数设置成功。

六、添加材质

选中护坡三维模型，按照图 3-31 的操作逐步为护坡模型添加材质。

点击属性栏中"材质和装饰"下"按类别"右侧的"▯"按钮，在弹出的"关联族参数"对话框中点击"添加参数"按钮。在弹出的"参数类型"对话框中，将参数名称设置为"浆砌石"。

打开族类型对话框，点击"材质与装饰"一栏下面"按类别"后的"▭"图标，弹出"材质浏览器"对话框，如图 3-32 所示。

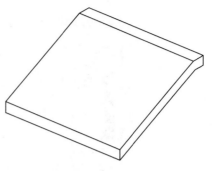

图 3-30　测试参数

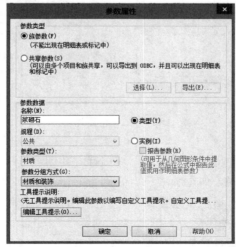

图 3-31　添加材质参数

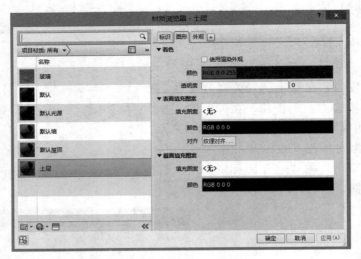

图 3-32 "材质浏览器"对话框

在对话框右边打开"外观"选项卡,在"常规"一栏下,点击"图像"右侧的空白方框,如图 3-33 所示。

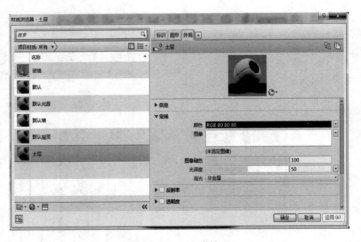

图 3-33 材质外观

点击空白方框后,弹出"选择文件"对话框,如图 3-34 所示,对话框中的文件类型即插入图片的文件格式,如电脑中已有浆砌石的图片,选择图片,点击"打开"按钮即可,在"选择文件"对话框中选中图片,点击"打开"按钮。

"选择文件"对话框关闭后返回到"材质浏览器"对话框,可以看到"图像"右侧的方框,被刚才选择的图片填充,如图 3-35 所示,点击"确定"按钮,返回到模型的三维视图界面。

图 3-34 选择材质图片并"打开"

图 3-35 更改材质外观

在族类型对话框中点击"确定",点击左下角"视图控制栏"中的"⬜"图标,选择"真实",护坡模型的外观发生变化,如图 3-36、图 3-37 所示。

至此,浆砌石护坡族就创建完成了。

试创建引渠段的其他族,如图 3-38~图 3-40 所示。

23

图 3-36　图形显示"真实"

图 3-37　更改材质外观后的护坡三维模型

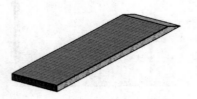

图 3-38　碎石垫层

图 3-39　浆砌石护底

图 3-40　护底碎石垫层

如果已经把上面的几个族建完，在"水闸族"文件夹下面就会有图 3-41 中所示的几个族文件了。

名称	修改日期	类型	大小
浆砌石护坡垫层.rfa	2017/1/31 8:51	Autodesk Revit 族	288 KB
浆砌石护坡.rfa	2017/1/31 8:53	Autodesk Revit 族	336 KB
浆砌石底板垫层.rfa	2017/1/31 8:53	Autodesk Revit 族	288 KB
浆砌石底板.rfa	2017/1/31 8:52	Autodesk Revit 族	288 KB
浆砌石.jpg	2016/7/16 18:35	JPG 文件	11 KB

图 3-41　"水闸族"文件夹

第四章
扭坡

本章讲铺盖段，铺盖段最难建的族是扭坡，扭坡是一个变截面的坡，用二维图形很难表达，水闸的扭坡三视图如图4-1所示，看过三视图（工程图纸）之后也很难看明白。

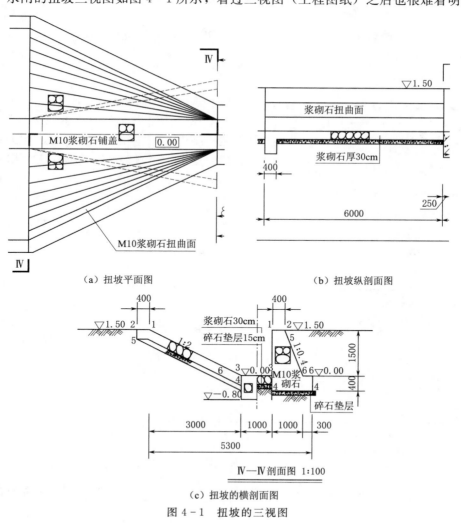

（a）扭坡平面图

（b）扭坡纵剖面图

（c）扭坡的横剖面图

图4-1　扭坡的三视图

一、绘制轮廓

如何用 Revit 建族的方法创建出扭坡族呢？如图 4-1（b）可知，扭坡是由左边的 1∶2 的斜坡逐渐变换 6000mm 的距离，最后变换成右边的直墙；也可看成是由右边的直墙逐渐变换 6000mm 的距离，最后变换成左边的 1∶2 的斜坡。斜坡上的各点与直墙的各点对应，这些点在两个截面上已标出来，以便读者对照。

建族步骤如下。

（1）打开公制常规模型，选择"放样融合"工具，出现图 4-2 的"放样融合"功能面板。

图 4-2 "放样融合"功能面板

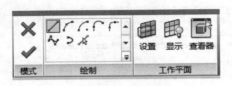

图 4-3 "绘制路径"功能面板

（2）选择"绘制路径"，如图 4-3 所示。

（3）在"楼层平面"的"参照标高"平面，从绿色十字中心向左拉出 6000mm，点击鼠标左键，然后点击"绘制路径"功能面板"模式"中的"✔"图标，绘出路径，如图 4-4、图 4-5 所示。

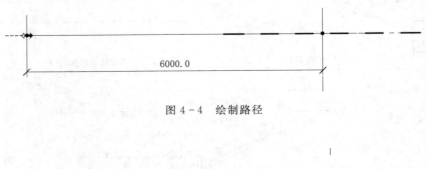

6000.0

图 4-4 绘制路径

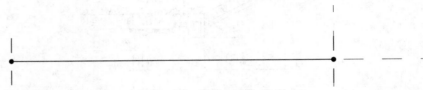

图 4-5 路径绘制完成

（4）选择轮廓 1→"编辑轮廓"→选择"立面：右"→"打开视图"→先绘制直墙截面，如图 4-6 所示。

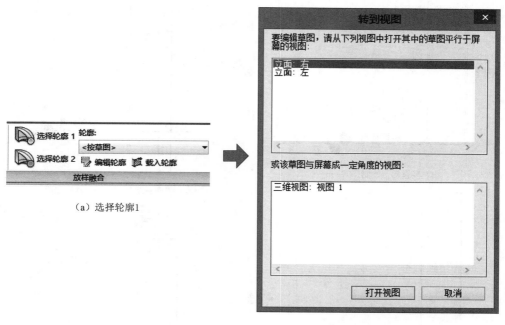

（a）选择轮廓1

（b）选择"立面：右"

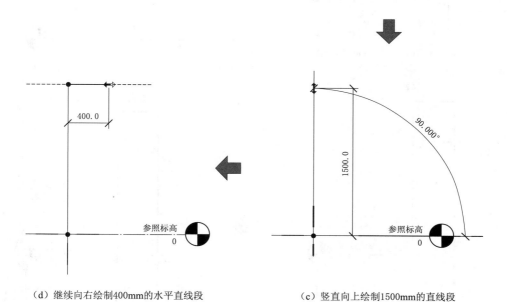

（d）继续向右绘制400mm的水平直线段

（c）竖直向上绘制1500mm的直线段

图 4－6　绘制直墙轮廓（一）

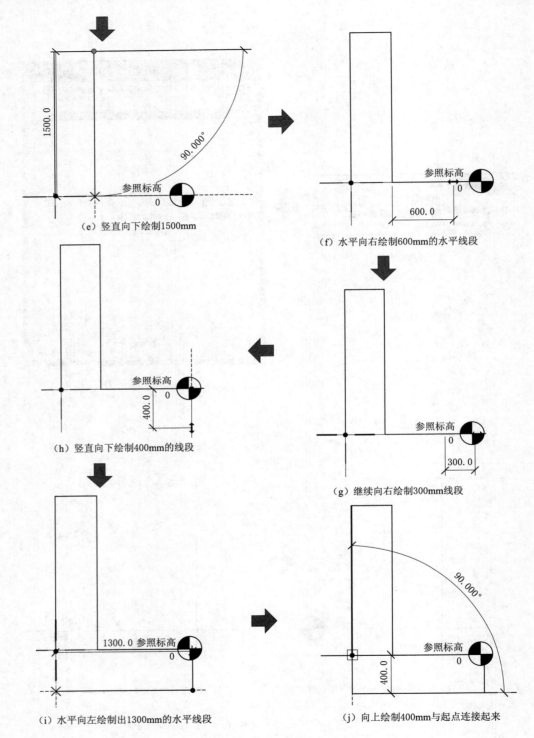

（e）竖直向下绘制1500mm

（f）水平向右绘制600mm的水平线段

（g）继续向右绘制300mm线段

（h）竖直向下绘制400mm的线段

（i）水平向左绘制出1300mm的水平线段

（j）向上绘制400mm与起点连接起来

图 4 - 6　绘制直墙轮廓（二）

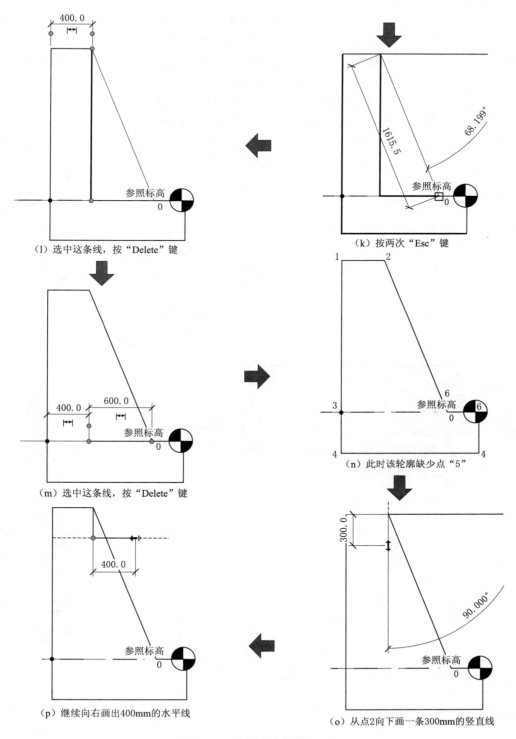

图 4-6　绘制直墙轮廓（三）

图 4-7 修剪

单击工具栏中的修剪图标"⊒｜"，修剪后如图 4-7 所示，图中延伸出来的水平线与斜线的交点即点 5。

选择"绘制"中的直线，将点 5 与点 2 连接起来，按两次 Esc 键，按照图 4-8 所示继续操作。

（5）选择轮廓 2→"编辑轮廓"→选择"立面：右"→"打开视图"→再绘制斜坡截面，如图 4-9 所示。

与轮廓 1 对比可以看到，轮廓 2 中斜坡下部轮廓线上还缺点"6"，接下来为轮廓 2 添加点"6"，如图 4-10 所示。

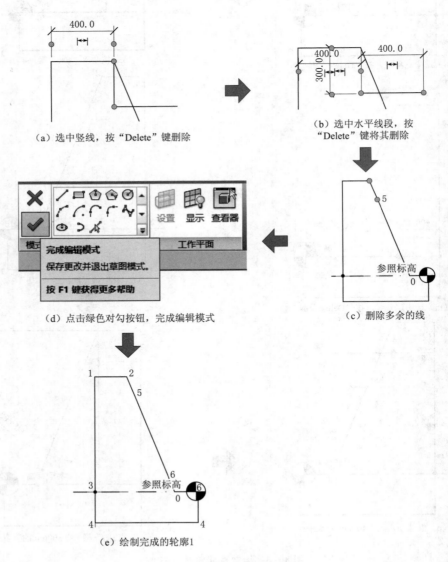

（a）选中竖线，按"Delete"键删除

（b）选中水平线段，按"Delete"键将其删除

（d）点击绿色对勾按钮，完成编辑模式

（c）删除多余的线

（e）绘制完成的轮廓1

图 4-8　绘制直墙截面轮廓

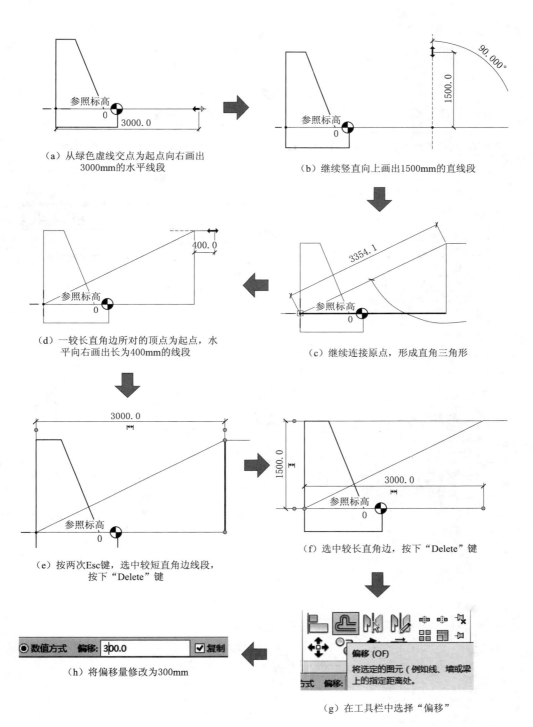

（a）从绿色虚线交点为起点向右画出
3000mm的水平线段

（b）继续竖直向上画出1500mm的直线段

（c）继续连接原点，形成直角三角形

（d）一较长直角边所对的顶点为起点，水
平向右画出长为400mm的线段

（e）按两次Esc键，选中较短直角边线段，
按下"Delete"键

（f）选中较长直角边，按下"Delete"键

（g）在工具栏中选择"偏移"

（h）将偏移量修改为300mm

图4-9 绘制斜坡轮廓（一）

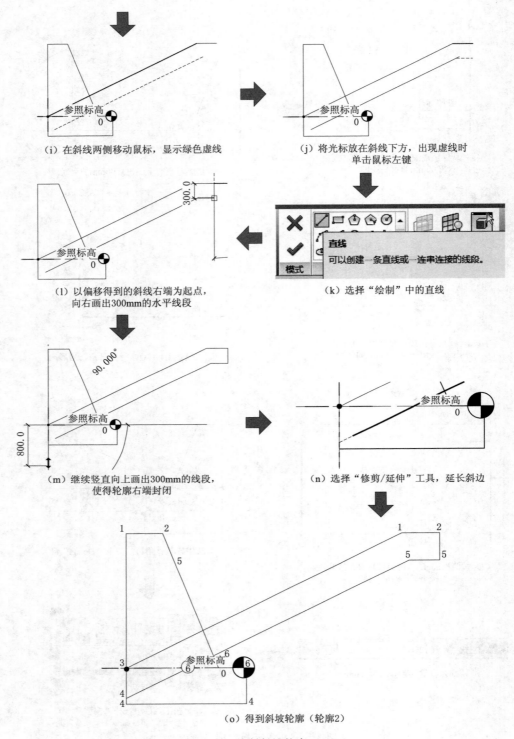

（i）在斜线两侧移动鼠标，显示绿色虚线

（j）将光标放在斜线下方，出现虚线时
单击鼠标左键

（l）以偏移得到的斜线右端为起点，
向右画出300mm的水平线段

（k）选择"绘制"中的直线

（m）继续竖直向上画出300mm的线段，
使得轮廓右端封闭

（n）选择"修剪/延伸"工具，延长斜边

（o）得到斜坡轮廓（轮廓2）

图 4-9　绘制斜坡轮廓（二）

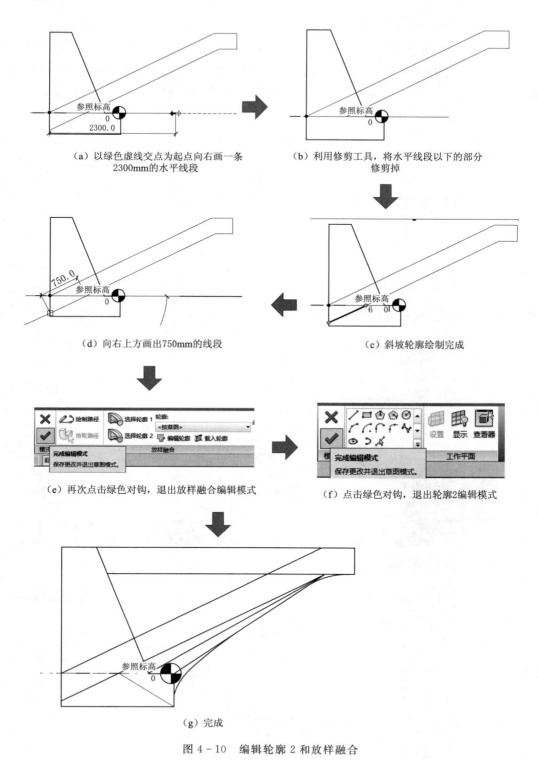

（a）以绿色虚线交点为起点向右画一条
2300mm的水平线段

（b）利用修剪工具，将水平线段以下的部分
修剪掉

（d）向右上方画出750mm的线段

（c）斜坡轮廓绘制完成

（e）再次点击绿色对钩，退出放样融合编辑模式

（f）点击绿色对钩，退出轮廓2编辑模式

（g）完成

图 4-10　编辑轮廓 2 和放样融合

至此已完成扭坡模型的放样融合。

二、修改编辑模型

点击"快速访问工具"中的"⬡"图标，切换为三维视图，同时按"Shift"键和鼠标中键，移动鼠标，观察放样融合形成的三维模型是否正确，如图4-11所示。

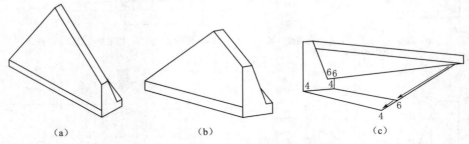

（a） （b） （c）

图4-11 查看放样融合形成的三维模型

从图4-11（c）中可以看出有一个面不正确，需要对放样融合进行编辑修改。选中模型，选择"编辑放样融合"，选择"编辑顶点"如图4-12、图4-13所示。

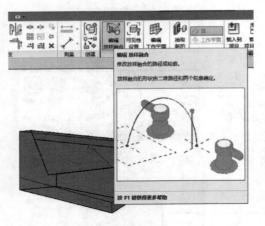

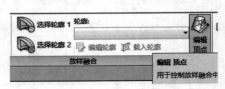

图4-12 "编辑放样融合"　　　　图4-13 "编辑顶点"

进入图4-14所示的"编辑顶点"模式，按照图4-15、图4-16所示步骤，进行编辑修改。

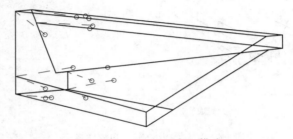

图4-14 "编辑顶点"模式

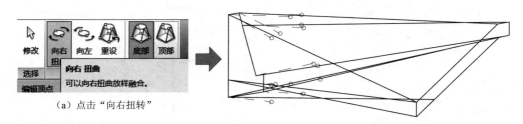

（a）点击"向右扭转"

（b）向右扭转后的模型和顶点位置

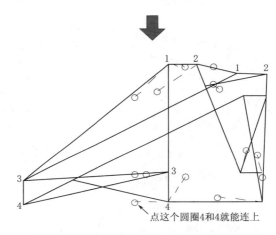

点这个圆圈4和4就能连上

（c）按下"Shift"键和鼠标中键，将模型转到上图角度

图 4 - 15　将模型旋转到一定角度

点击两个顶点可以使它们形成连接或断开连接，按图 4 - 16 所示连接顶点。

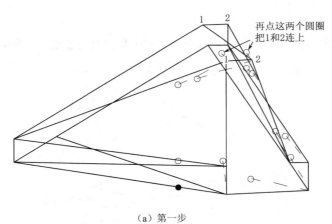

再点这两个圆圈
把1和2连上

（a）第一步

图 4 - 16　编辑顶点（一）

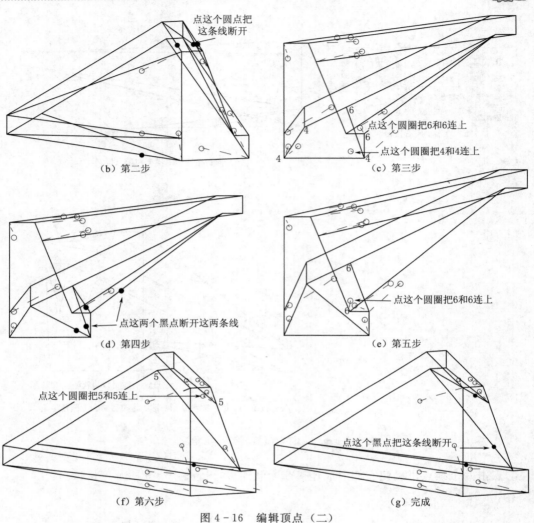

（b）第二步

（c）第三步

（d）第四步

（e）第五步

（f）第六步

（g）完成

图 4-16 编辑顶点（二）

编辑顶点后如图 4-17 所示，最后检查一下两个截面上的各点是不是都对应着连上了。

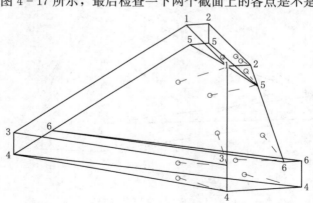

图 4-17 检查对应点是否正确连接

如图 4-18、图 4-19 所示，点击"修改"→点击"模式"中的绿色对钩完成编辑，扭坡模型如图 4-20 所示。

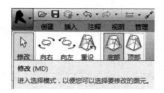

图 4-18 点击"修改"

图 4-19 点击"模式"中的绿色对钩

同时按下 Shift 键和鼠标中键，移动鼠标从各个方向观察扭坡，与图纸相比这样可以更直观地认识它，如图 4-21 所示。

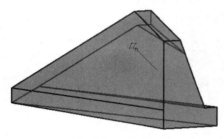

图 4-20 扭坡模型

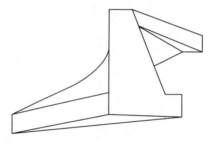

图 4-21 观察扭坡

三、参数化

选中模型，点击"编辑放样融合"→选择轮廓 1→编辑轮廓→标注尺寸→添加参数（实例参数），如图 4-22 所示。

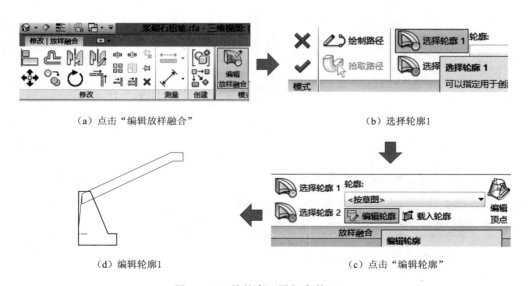

（a）点击"编辑放样融合"　　　　　　　　（b）选择轮廓1

（d）编辑轮廓1　　　　　　　　（c）点击"编辑轮廓"

图 4-22 给轮廓 1 添加参数（一）

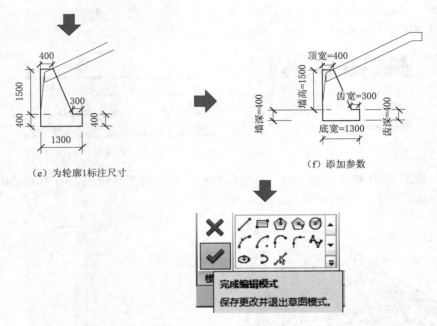

（e）为轮廓1标注尺寸

（f）添加参数

（g）点击绿色对钩，退出编辑模式

图 4-22　给轮廓 1 添加参数 （二）

选择轮廓 2→编辑轮廓→标注尺寸→添加参数 （实例参数），如图 4-23 所示。

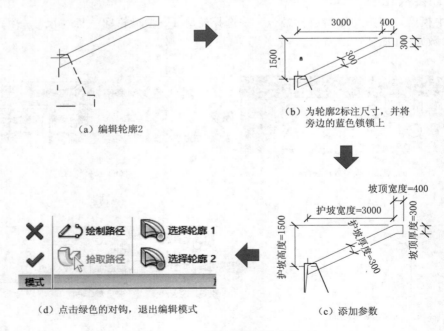

（a）编辑轮廓2

（b）为轮廓2标注尺寸，并将旁边的蓝色锁锁上

（d）点击绿色的对钩，退出编辑模式

（c）添加参数

图 4-23　给轮廓 2 添加参数

接下来给放样融合路径添加参数，如图 4-24 所示。

（a）选择"绘制路径"　　　　（b）标注路径长度并且添加参数，
点击两次绿色对钩

图 4-24　给路径添加参数

四、测试参数

点击功能区的"族类型"按钮""，如图 4-25 所示，试着改变参数值，观察模型的变化。最后将扭坡模型保存，命名为"浆砌石扭坡.rfa"。

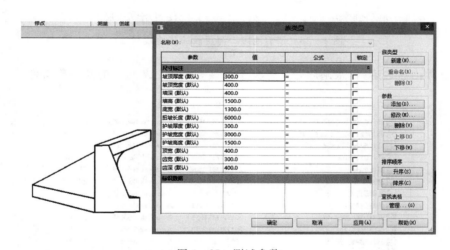

图 4-25　测试参数

读者可自己尝试创建图 4-26 所示的消力池段、海漫段的族。

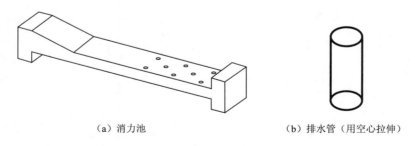

（a）消力池　　　　　　　　（b）排水管（用空心拉伸）

图 4-26　消力池段、海漫段的其他族（一）

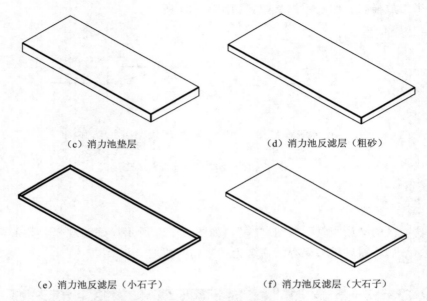

（c）消力池垫层　　　　　　　　　　　（d）消力池反滤层（粗砂）

（e）消力池反滤层（小石子）　　　　　　（f）消力池反滤层（大石子）

图 4-26　消力池段、海漫段的其他族（二）

以上族创建之后，"水闸族"文件夹中应该有图 4-27 所示的几个族文件。

名称	修改日期	类型	大小
消力池反滤层（大石子）.rfa	2017/1/31 16:43	Autodesk Revit 族	288 KB
消力池反滤层（小石子）.rfa	2017/1/31 16:42	Autodesk Revit 族	288 KB
消力池反滤层（粗砂）.rfa	2017/1/31 16:41	Autodesk Revit 族	288 KB
消力池垫层.rfa	2017/1/31 16:40	Autodesk Revit 族	284 KB
消力池.rfa	2017/1/31 16:40	Autodesk Revit 族	312 KB
排水管.rfa	2017/1/31 16:39	Autodesk Revit 族	288 KB
浆砌石扭坡.rfa	2017/1/31 16:18	Autodesk Revit 族	460 KB
浆砌石护坡.rfa	2017/1/31 8:53	Autodesk Revit 族	336 KB
浆砌石底板垫层.rfa	2017/1/31 8:53	Autodesk Revit 族	288 KB
浆砌石底板.rfa	2017/1/31 8:52	Autodesk Revit 族	288 KB
浆砌石护坡垫层.rfa	2017/1/31 8:51	Autodesk Revit 族	288 KB
浆砌石.jpg	2016/7/16 18:35	JPG 文件	11 KB

图 4-27　*.rfa 族文件

闸室段的一些族参见第五章，因为它们是钢筋混凝土结构，需要配筋。

第五章
配筋

闸室段的图纸如图 5-1 所示。

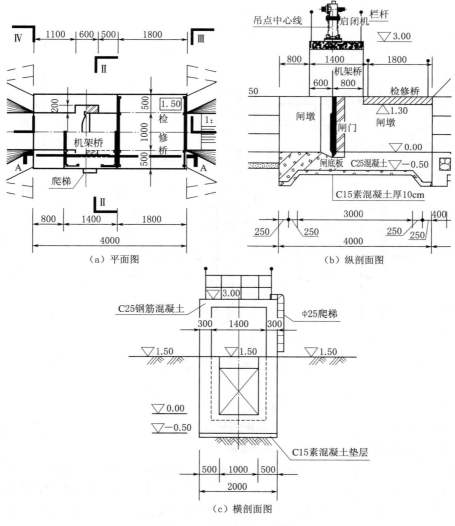

图 5-1　闸室段的三视图

从以上三视图可以看出，闸室段从上往下由启闭机、栏杆、钢筋混凝土机架桥、钢筋混凝土检修桥、钢筋混凝土闸墩、钢闸门、钢筋混凝土闸底板、素混凝土闸底板垫层等部件组成。

其中有四个钢筋混凝土结构的部件，这需要有钢筋图。

先看闸墩和机架桥的配筋情况。

单独看上图 5-2 中的"闸墩临水侧钢筋图"不好理解这张图是从闸墩的哪个截面得到的，因此，在图 5-1 中"闸室的平面图"上标注出了 A—A 剖面线，对照起来就可以知道"闸墩临水侧钢筋图"对应的是哪个截面。图 5-2 有Ⅰ—Ⅰ和Ⅱ—Ⅱ两个剖面线，Ⅰ—Ⅰ剖面线剖的是闸墩，Ⅱ—Ⅱ剖面线剖的是机架桥墩，如图 5-3 所示。

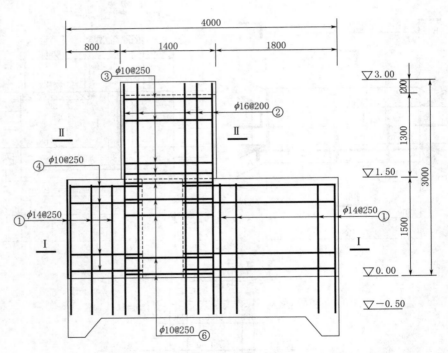

图 5-2　闸墩临水侧钢筋图（高程单位：m；尺寸单位：mm）

图 5-4 是机架桥和闸墩的三维视图。

再看一下闸底板的模型三维视图和配筋情况，如图 5-5 所示。

其他构件的配筋情况如图 5-6 所示。

以上的钢筋图中都有①②③④⑤等一些编号，这些编号是钢筋的编号，只有钢筋图还不能表达出钢筋的规格、型式、弯钩、长度等信息，还需要一个钢筋表，即表 5-1。

至此，闸室段的几个钢筋混凝土部件的钢筋图、钢筋表都已清楚，下面是如何利用 Revit 把它们画出来。

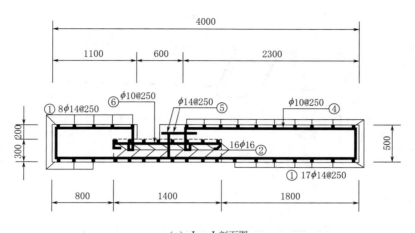

（a）Ⅰ—Ⅰ剖面图

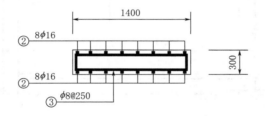

（b）Ⅱ—Ⅱ剖面图

图 5-3 闸墩和机架桥墩的剖面配筋图

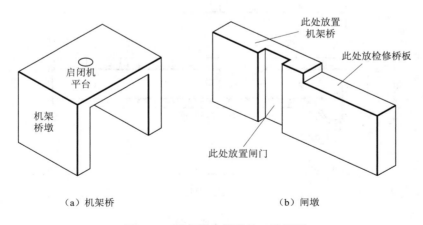

（a）机架桥   （b）闸墩

图 5-4 机架桥和闸墩的三维视图

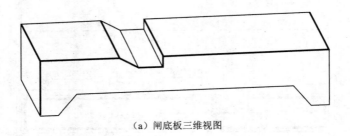

（a）闸底板三维视图

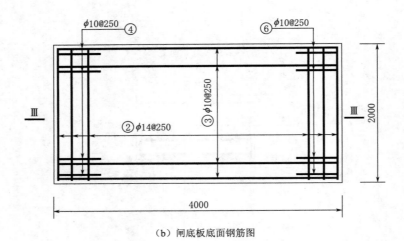

（b）闸底板底面钢筋图

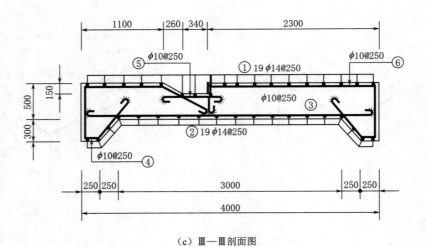

（c）Ⅲ—Ⅲ剖面图

图 5-5　闸底板及配筋情况

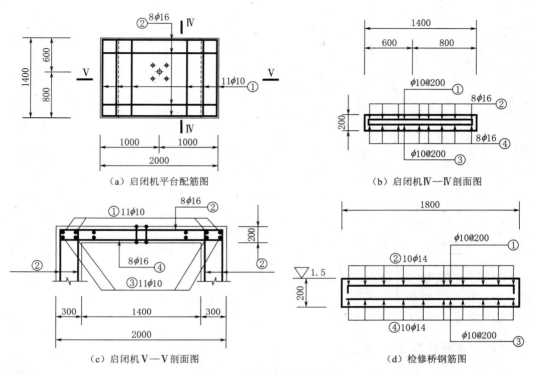

（a）启闭机平台配筋图　　　　　　　（b）启闭机Ⅳ—Ⅳ剖面图

（c）启闭机Ⅴ—Ⅴ剖面图　　　　　　（d）检修桥钢筋图

图 5-6　其他构件的配筋图

表 5-1　　　　　　　　　　　　　　　钢　筋　表

部位	编号	规格	钢　筋　型　式	单根长/mm	根数	总长/m
闸墩	①	Φ14	1940	1940	50	97.00
	②	Φ16	3510	3510	32	112.32
	③	φ10	200 1300	3125	12	37.50
	④	φ10	100 1000 390 2200 3900	8805	14	123.27
	⑤	Φ14	400	400	28	11.20
	⑥	φ10	1300	1425	12	17.10
闸底板	①	Φ14	1900	1900	19	36.10
	②	Φ14	500 1900 500	2900	19	55.10
	③	φ10	3720	3845	9	34.61
	④	φ10	700 1100 100 660 150 100	3385	9	30.47
	⑤	φ10	940	1065	9	9.59
	⑥	φ10	100 2200 700 750 150	4325	9	38.93

部位	编号	规格	钢 筋 型 式	单根长/mm	根数	总长/m
启阀机平台	①	φ10	110 ⌐ 1340 ⌐ 110	1620	11	17.82
	②	φ16	560 ⌐ 1940 ⌐ 560	3060	8	24.48
	③	φ10	⊬ 1340 ⊬	1465	11	16.12
	④	φ16	1940	1940	8	15.52
检修桥	①	φ10	110 ⌐ 1740 ⌐ 110	2020	9	18.18
	②	φ14	100 ⌐ 1900 ⌐ 110	2180	10	21.80
	③	φ10	⊬ 1740 ⊬	1865	6	11.19
	④	φ14	1900	1900	10	19.00

　　先画一个简单的，以检修桥为例。检修桥实际上就是一个桥板，是支撑在闸墩上，这个桥板顺水方向是 1800mm，垂直水流方向是 2000mm，厚度是 200mm，这些尺寸在上面的图纸上都可以看出来。

一、绘制检修桥板族

　　按照公制常规模型样板新建族，打开右立面，点击"拉伸"，向右画 2000mm 直线段，继续往上画 200mm 直线，向左画 2000mm 直线，然后回到起点，修改深度为 1800mm，如图 5-7 所示。

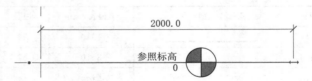

（a）以绿色虚线交点为起点，向右画2000mm的直线段

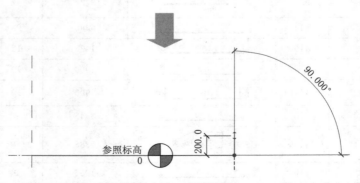

（b）继续往上画200mm直线段

图 5-7　绘制检修桥板（一）

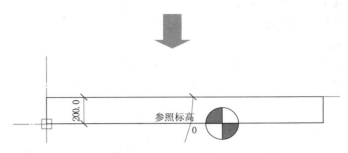

（c）向左画2000mm直线，向下画200mm，回到起点

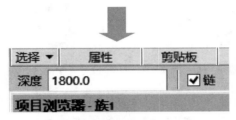

（d）修改深度为1800mm

图 5-7 绘制检修桥板（二）

为检修桥板的拉伸形状标注尺寸、添加参数后如图 5-8 所示，添加参数的步骤不再一一赘述，添加完毕后点击绿色的对钩，完成拉伸。

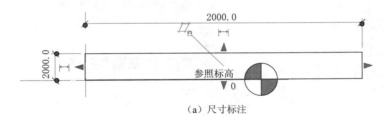

（a）尺寸标注

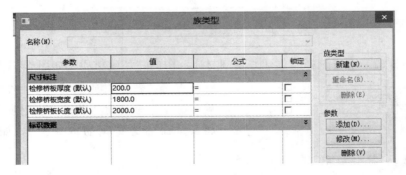

（b）添加参数

图 5-8 尺寸标注和添加参数

将图形显示选型（小房子图标）设为"真实"，显示三维模型，如图5-9所示。

至此，检修桥的族就建好了，还需要给这个族贴上钢筋混凝土的材质，因为如不贴混凝土的材质就配不上钢筋。

选中模型，点击属性栏"材质和装饰"中的"默认"，出现"⬜"图5-10，点击该图标，弹出"材质浏览器—默认"对话框，如图5-11所示。

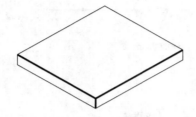

图5-9　检修桥板三维视图　　　　图5-10　添加材质

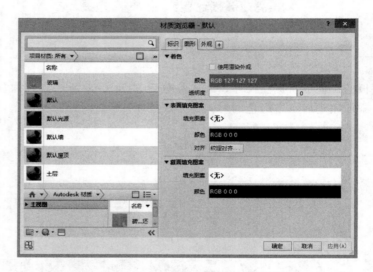

图5-11　"材质浏览器—默认"对话框

在对话框的左下方选择"创建并复制材质"中的"新建材质"如图5-12所示。

图5-12　新建材质

点击"新建材质"后，项目材质菜单中就增加了一个名为"默认为新材质"的材质，将其重命名为"钢筋混凝土"，如图5-13所示。

在右侧的"图形"选项卡中，点击"截面填充图案"下"填充图案"右侧的空白方框，在弹出的"填充样式"对话框中选择

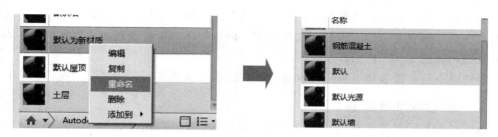

图 5-13 为新建材质重命名

"上对角线"（Revit 中没有钢筋混凝土的填充图案，目前先用"上对角线"代替），点击"确定"按钮，设置完成后空白方框被"上对角线"填充，如图 5-14 所示。

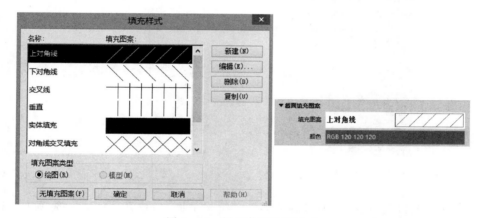

图 5-14 设置截面填充样式

在材质浏览器对话框中点击"确定"按钮，在"视图控制栏"点击立方体图标，选择"真实"，添加材质后的检修桥板如图 5-15 所示。

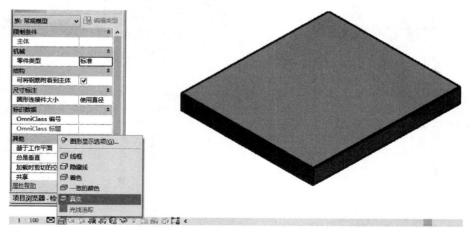

图 5-15 检修桥模型三维视图

在"族"编辑器中不能配筋，需要把"族"载入到"项目"中才能配筋。但非常重要的一点是，需要在"族"编辑器属性栏中"结构"下"可将钢筋附着到主体"的右侧打上对钩，如图 5-16 所示。

设置完成后，将检修桥板模型存盘在"水闸族"文件夹下，命名为"检修桥.fra"。

二、给检修桥板配筋

退出"族"编辑器，在项目区域新建一个项目，选"结构样板"，如图 5-17 所示。

图 5-16　设置"可将钢筋附着到主体"

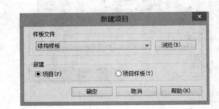

图 5-17　新建项目

进入到"项目"，选择"项目浏览器""结构平面"，打开"插入"选项卡，选择"载入族"，如图 5-18 所示。弹出"载入族"对话框，选择"水闸族"文件夹下的"检

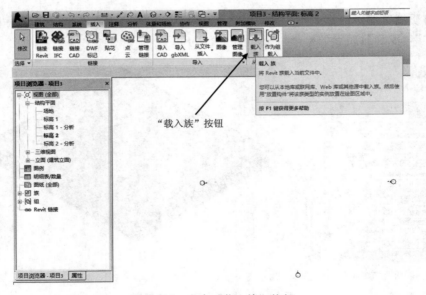

图 5-18　点击"载入族"按钮

修桥.rfa"文件，点击"打开"，如图 5-19 所示。

图 5-19 选择需要载入的族文件

返回到 Revit 用户界面，点击"项目浏览器"下的"族"前面的"+"按钮→选择"常规模型"前面的"+"出现了"检修桥"，如图 5-20 所示。点开前面的"+"，选中"检修桥"这个族，单击右键，弹出菜单，如图 5-21 所示。

图 5-20 载入族

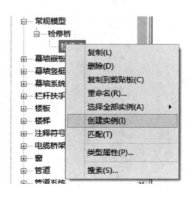

图 5-21 弹出菜单

在弹出的菜单中选择"创建实例",将鼠标光标移动到绘图区,单击鼠标左键后,就在该项目中创建了检修桥板实例,如图 5-22 所示。

图 5-22　检修桥板实例

点击两次"Esc"键。

滑动鼠标滚轮放大图形,选中图形,选择项目浏览器中的"钢筋保护层",选 30mm 的保护层,如图 5-23 所示。

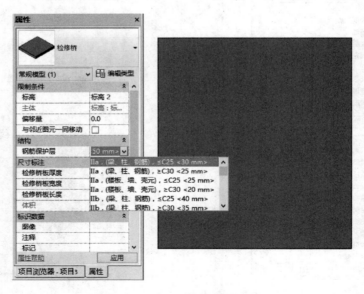

图 5-23　选钢筋保护层

在配筋之前，要先看明白钢筋图，图 5－24、表 5－2 分别是检修桥板的配筋图和钢筋表。

先看①号钢筋，①号钢筋是板的上层钢筋，根据表 5－2 中①号钢筋的钢筋形式和标注的尺寸，在宽度 1800mm 这个方向上两边的保护层是（1800－1740)/2＝30（mm），在厚度 200mm 方向上，两边

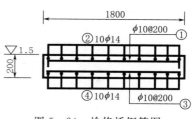

图 5－24 检修桥钢筋图

表 5－2   检 修 桥 钢 筋 表

部位	编号	规格	钢筋型式	单根长/mm	数量	总长/m
检修桥	①	φ10	140 1740 140	2020	9	18.18
	②	φ14	140 1900 140	2180	10	21.80
	③	φ10	1740	1865	6	11.19
	④	φ14	1900	1900	10	19.00

的保护层是（200－140)/2＝30（mm），在长度 2000mm 的方向上是 9 根，间距 200mm，也就是说保护层为 155mm，如图 5－25 所示。

弄清楚①号钢筋的放置情况后，就可以在项目中放置①号钢筋了。

沿着板的边缘做一个"参照平面"，如图 5－26 所示。

移动参照平面 155mm。移动时，先选中参照平面，点击功能区的"✛"按钮，移动时显示移动的距离，直接将移动距离改为 155mm，如图 5－27 所示。

点击快捷访问工具中"◎"剖面工具，沿着参照平面做剖面线 1—1，单击鼠标右键，在弹出的菜单中选择"转到视图"，即转到剖面视图，如图 5－28 所示。

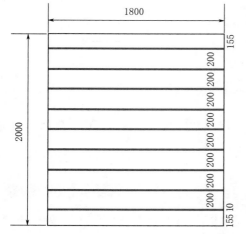

图 5－25 ①号钢筋的放置情况

图 5－28（c）中的边框可以移动，它代表剖面视图的范围。

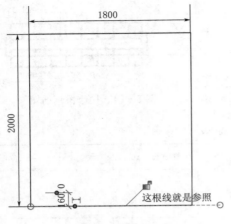

图 5-26　画参照平面

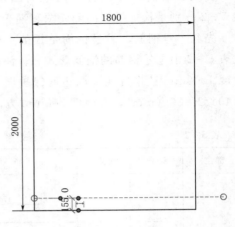

图 5-27　移动参照平面

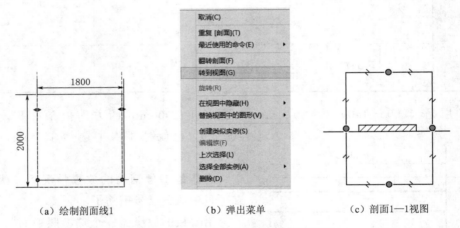

（a）绘制剖面线1　　　　　（b）弹出菜单　　　　　（c）剖面1—1视图

图 5-28　绘制剖面线并转到剖面视图

　　下面在这个剖面（截面）上放置①号钢筋。选择"结构"→"钢筋"，界面弹出提示对话框，点击"确定"按钮，如图 5-29 所示。

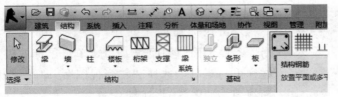

（a）选择"钢筋"

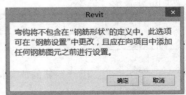

（b）提示

图 5-29　点击"钢筋"按钮

屏幕的右侧出现了"钢筋形状浏览器","启动/关闭钢筋形状浏览器"这个按钮非常重要，如图5-30所示设置钢筋形状浏览器。

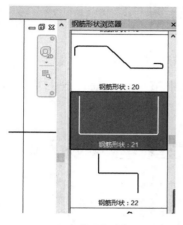

（a）钢筋形状浏览器

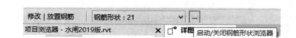

（b）"启动/关闭钢筋形状浏览器"按钮

图5-30　设置钢筋形状浏览器

选择与①号钢筋相同形状的"钢筋形状：21"，把鼠标光标移到剖面上去，钢筋会按照预先设置的保护层自动适应构件的截面，如图5-31所示。

图5-31　自动显示预设保护层

点击鼠标左键，第一根①号钢筋就放置好了，下面放置剩下的8根，选择屏幕左侧"项目浏览器"中的标高2平面视图，按照图5-32再做一个剖面2—2。

转到剖面2—2视图，如图5-33所示。

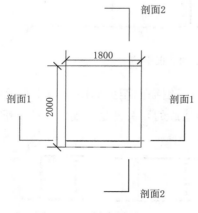

图5-32　创建剖面2—2

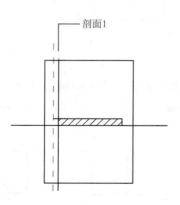

图5-33　剖面2—2视图

把剖面线 1—1 和参照平面删掉并放大，可以看到刚才放置的钢筋的投影。如图 5－34 所示，图中左侧的一条竖线就是第一根①号钢筋。

图 5－34 ①号钢筋位置

下面用"阵列"的方法放置剩下的 8 根钢筋，选中第一根钢筋，点击功能区的 "⊞"图标，按照图 5－35 组图所示继续操作。

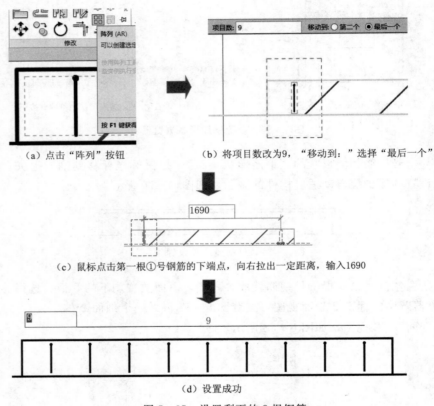

（a）点击"阵列"按钮　　　　　（b）将项目数改为 9，"移动到："选择"最后一个"

（c）鼠标点击第一根①号钢筋的下端点，向右拉出一定距离，输入 1690

（d）设置成功

图 5－35 设置剩下的 8 根钢筋

阵列完成后，快捷访问工具"⇌"测量一下钢筋间距。如图 5－36 所示两端都是 155，中间是 211.3，这是钢筋的直径和测量点造成的，关键是两端的 155 要准确。

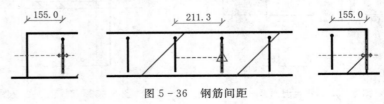

图 5－36 钢筋间距

以上采用的是阵列，当然用复制也可以。

至此，如何配置钢筋已经有了初步的了解，剩下的②③④号钢筋，读者自己配置一下，自己动手，遇到困难想办法解决困难，是最好的学习熟练过程。

由于配筋只能在项目里面做，而在项目里不是单个孤立的族，而是要把建好的族通过创建实例，把这些实例按照图纸上的相对位置装配起来才行，所以像机架桥、闸墩、闸底板等的配筋需要装配起来再做配筋的工作。其他部分的钢筋配置详见第十章。

装配这些实例需要搭架子，就像盖楼时用的脚手架一样，在 Revit 中叫标高和轴网，下一章讲标高和轴网。

第六章
标高和轴网

新建一个项目，选择"建筑样板"，绘图区如图6-1所示。

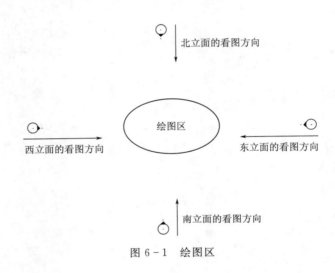

图6-1　绘图区

一、标高

绘制标高和轴网最好先绘制标高，我们以小水闸为例来绘制标高和轴网。

在绘制标高之前，先看一下图纸中有几个控制整个工程的高程。一般来说，有几个控制高程就绘制几个标高。这些控制高程体现在纵剖面图上，图6-2是水闸的纵剖面图。

从图中可以看出有3个控制高程，每一个控制高程绘制一个标高。一个标高代表的是一个平面，即标高平面，这个标高平面就是工作平面。我们放置构件必须在工作平面上进行，这样才能控制构件的位置，而不能在空间中任意放置。可以把第1个控制高程"0.00"绘制为标高1，在标高1这个平面上我们可以把所有的底板放置上去，垫层的放置可以先放置到标高1平面上，转到立面图再向下移动。由于我们水利上大部分的构件是在"族"编辑器里面做好的，在项目中主要是放置和装配，所以绘制标高和轴网的原则是利于放置。而在建筑中，由于有"系统族"，主要是在标高平面中进行现场绘制，所以建筑中的标高和轴网的绘制原则主要是利于绘制。

58

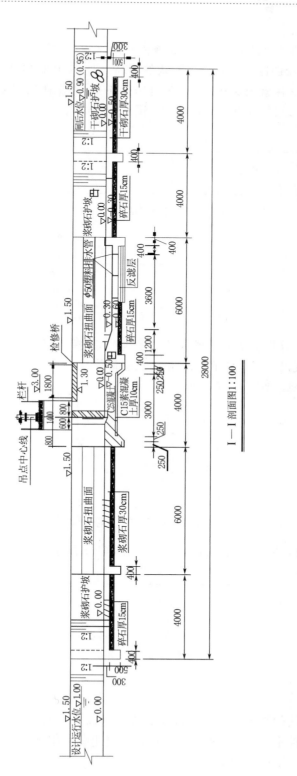

Ⅰ—Ⅰ剖面图1∶100

图6-2　水闸的纵剖面图

绘制标高的步骤如下。

（1）在屏幕左边的"项目浏览器"中选择南立面。

如图 6-3 所示，绘图区已经有两个默认的标高："±0.000 标高 1"和"4.000 标高 2"，这是建筑样板文件事先做好的。我们选中标高 2，在左侧出现标高 2 到标高 1 的距离是 4000，把 4000 改为 1500，如图 6-3、图 6-4 所示。

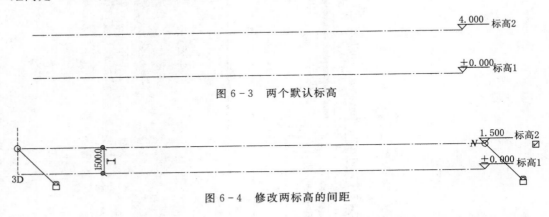

图 6-3　两个默认标高

图 6-4　修改两标高的间距

（2）绘制标高 3，选择上下文选项卡的"建筑"，选择右侧的"标高"将鼠标移到左侧（图 6-5），出现尺寸线，移到 1500mm 点击鼠标左键，如图 6-6 所示。将光标移到右端点击鼠标左键，如图 6-7 所示。

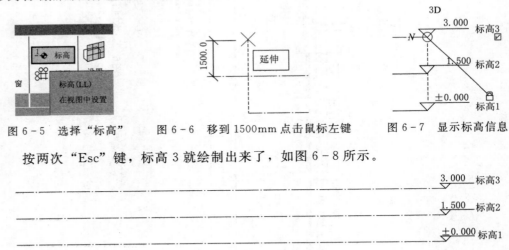

图 6-5　选择"标高"　　图 6-6　移到 1500mm 点击鼠标左键　　图 6-7　显示标高信息

按两次"Esc"键，标高 3 就绘制出来了，如图 6-8 所示。

图 6-8　绘制标高 3

二、轴网

轴网是为了在不同的平面图上（标高 1 平面、标高 2 平面等）划分区域，形成网格，以便于给工程构件定位。有东西向的轴网，有南北向的轴网。由于我们先绘制了标高，所以在标高 1 平面上绘制轴网即可。

绘制轴网的步骤如下。

（1）选择屏幕左侧的"项目浏览器"中的"楼层平面"里的"标高1"平面。

（2）选择"建筑"功能区的"轴网"按钮。

由于我们绘制的示例水闸仅1m宽，所以在南北方向上绘制两个相距1000mm的轴网就可以利于放置护坡和闸墩了。

任意画出一根水平的直线，画出后可以测量一下轴线的长度，我们这座水闸有28m，所以轴线要大于28m长。画完后按两次"Esc"键。

画出的轴网中间是断开的，且只有右端有轴网编号，如图6-9所示，这都可以修改。选中轴网，点击左侧"属性"中的"编辑类型"，弹出"类型属性"对话框，如图6-10所示。

图6-9　绘制轴网

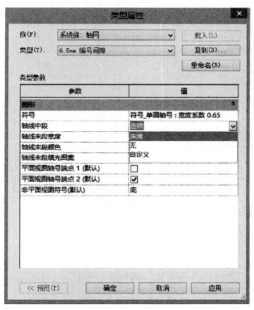

图6-10　轴网设置

将"轴线中段"参数值改为"连续"，勾选"平面视图轴号端点2（默认）"参数值，点击"确定"按钮后，如图6-11所示。

图6-11　连接轴网

点击"轴网"按钮，绘制第2根东西向的轴网，如图6-12所示。

（3）绘制南北向的轴网。南北向要按照水闸的分段绘制，把"3"改为"A"，如图6-13所示。

（a）绘制轴网起点

（b）绘制完成

图 6-12　绘制第二根轴网

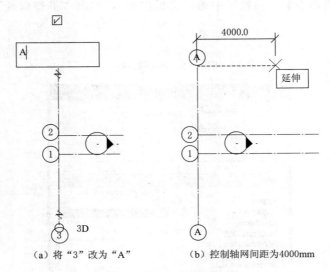

（a）将"3"改为"A"　　　（b）控制轴网间距为4000mm

图 6-13　绘制南北向轴网

7 根南北向轴网绘制完成后，如图 6-14 所示。

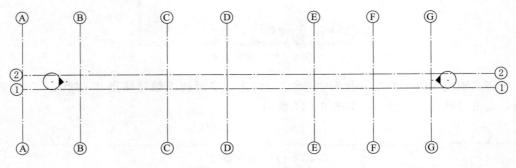

图 6-14　绘制完成的轴网

在南立面观察轴网和标高如图 6-15 所示，需要把标高线的左端延长一下。将三个标高线延长到轴网 A 的左侧，调整后的标高和轴网如图 6-16 和图 6-17 所示。

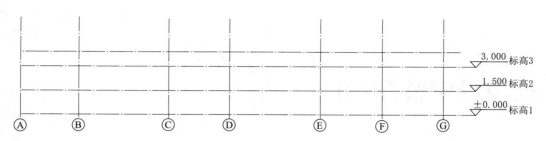

图 6-15　南立面

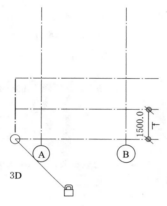

图 6-16　调整标高线长度

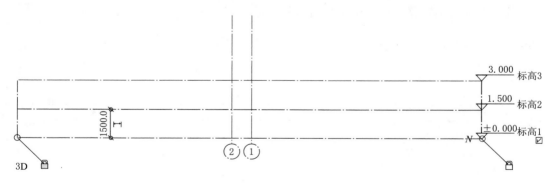

图 6-17　西立面

标高控制构件的放置高程，而轴网控制构件放置的平面位置，在项目中同时利用标高和轴网，可以精确地确定构件的三维空间位置。

第七章
在项目中装配构件

上一章在项目中绘制了水闸的标高和轴网，这一章我们就把前面绘制的族载入到项目中创建实例构件，并按照标高和轴网的定位装配在一起。

打开上一章保存的标高和轴网，如图7-1所示。

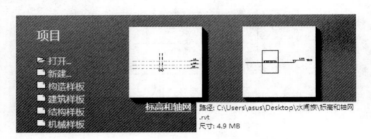

图7-1　打开标高和轴网

选择"项目浏览器"中"楼层平面"的"标高1"平面，如图7-2所示。

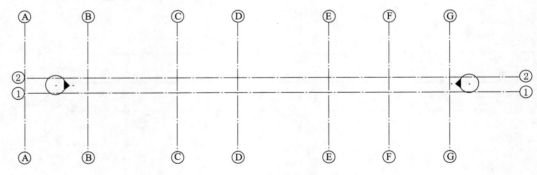

图7-2　标高1平面

选择标高1属性中的"视图范围"，点击"编辑"，如图7-3所示。弹出"视图范围"对话框，在"视图深度"的"标高"处选"无限制"，点击"确定"按钮，如图7-4所示。

选择"插入"上下文选项卡的"载入族"按钮，弹出"载入族"对话框。在对话框中选择"桌面"的"水闸族"文件夹，选择浆砌石底板，点击"打开"按钮，如图7-5所示。

图 7-3　编辑视图范围

图 7-4　设置视图深度

图 7-5　载入族到项目

在"项目浏览器"中找到"⊞ 凹 族"，点击左侧的加号，在其下找到"⊞ 常规模型"，点击左侧的加号，找到"⊞ 浆砌石底板"，点开左侧的加号，出现"浆砌石底板"，如图 7-6 所示。

选中"浆砌石底板"，点击鼠标右键，在弹出的菜单中选择"创建实例"，将鼠标移

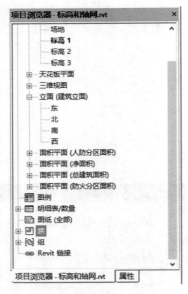

（a）项目浏览器　　　　　　　（b）最终找到的"浆砌石底板"

图 7-6　载入到项目中的族

动到绘图区，使得浆砌石底板位于轴网的相应位置，如图 7-7 所示。

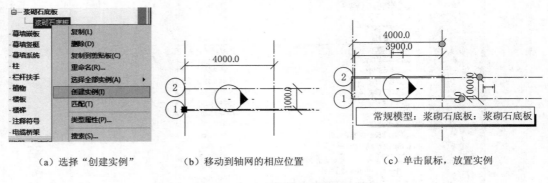

（a）选择"创建实例"　　　（b）移动到轴网的相应位置　　　（c）单击鼠标，放置实例

图 7-7　在项目中放置已载入的族

按两次"Esc"键，在项目浏览器中选择"南立面"视图，如图 7-8 所示，可看到底板的轮廓。

采用同样的方法，将铺盖也放置到轴网上（与引渠段的浆砌石底板用同一个族），如图 7-9 所示。

铺盖段的长度是 6000mm，而我们做的浆砌石底板族是 4000mm，需要修改一下底板的长度，如图 7-10 所示。

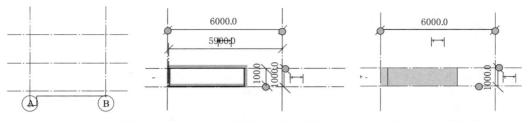

图 7-8　打开"南立面"视图　图 7-9　将铺盖放在相应位置　图 7-10　放置完成

选中创建的铺盖，点开左侧的属性，将铺盖长度改为 6000mm，如图 7-11 和图 7-12 所示。

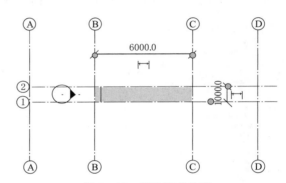

图 7-11　属性　　　　　　　　　　图 7-12　修改铺盖长度

在项目浏览器中打开南立面视图，如图 7-13 所示。

以上就是参数化建族的好处，当然，这个族在创建时用的是"实例参数"，如果用"类型参数"，前面放置的引渠段的底板也会改变尺寸。

用同样的方法把引渠段底板的垫层和铺盖段铺盖的垫层也放置上去，不同的是垫层放到标高 1 平面上后还需要在南立面视图中把垫层移动到底板下面，如图 7-14 所示。

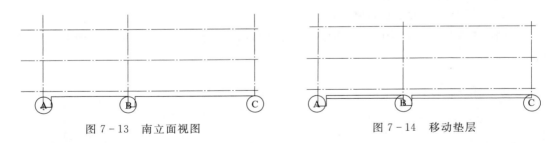

图 7-13　南立面视图　　　　　　　　　图 7-14　移动垫层

下面放置左侧的护坡和左侧的扭坡。

先转到标高 1 平面，载入浆砌石护坡和浆砌石扭坡两个族，分别创建实例，如图 7-15 所示。

选中扭坡，在属性栏中修改一下扭坡的长度，扭坡模型随之改变，如图 7-16、图

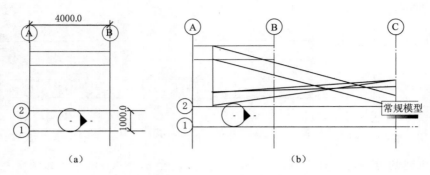

图 7-15 放置左侧护坡和扭坡

7-17 所示。修改后分别打开南立面视图、西立面视图看一下。

图 7-16 将"扭坡长度"修改为 6000mm

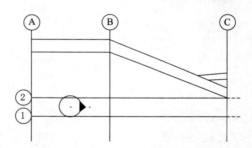

图 7-17 修改长度后的扭坡

同样，把护坡的垫层也创建好，先在标高 1 平面放置垫层，再转到西立面把垫层移动到护坡下，如图 7-18 所示。

下面用镜像的方法绘制右侧的护坡和扭坡。转到标高 1 平面，先绘制参照平面，点击"✎ 参照 平面"，选择图中 1、2 轴网连线的中点，画出一个参照平面，如图 7-19 中所示的虚线。

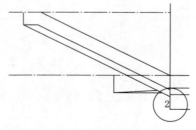

图 7-18 将垫层移到护坡下

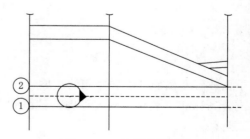

图 7-19 绘制参照平面

选中左侧的护坡，点击镜像工具，拾取参照平面，右侧的护坡就被镜像过来了，如图7-20和图7-21所示。

护坡垫层的镜像可以在西立面视图中进行，完成后，用同样的方法把右侧的扭坡也镜像过来，如图7-22所示。

点击小房子图标，打开三维视图，选择不同的图形显示选项观察一下，如图7-23、图7-24所示。

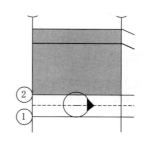

图7-20　镜像过来的右侧护坡

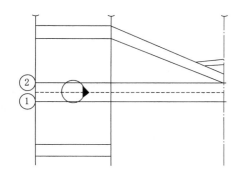

图7-21　放置右侧护坡

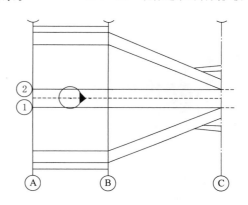

图7-22　复制扭坡

图7-23　图形显示选项

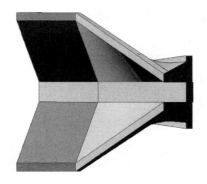

图7-24　显示图形

闸室段、下游的消力池段、海漫段也可以如此装配，自己试一下。

第八章
三维地形的创建

在 Revit "体量与场地"选项卡中，有"场地建模"和"修改场地"两个场地相关的控制面板，如图 8-1 所示。

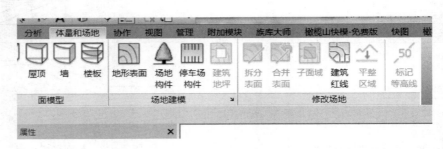

图 8-1 "体量与场地"选项卡

创建地形可以直接通过放置高程点创建，也可以通过导入地形相关的数据文件，如根据以 DWG、DXF 或者 DGN 格式导入的三维等高线数据或者使用土木工程软件所生成的点文件来创建地形表面。

这里以放置点的方法创建地形表面，需要导入一个 DWG 文件作为底图。

首先新建建筑样板项目，接着在"插入"选项卡中点击"导入 CAD"按钮，如图 8-2 所示。

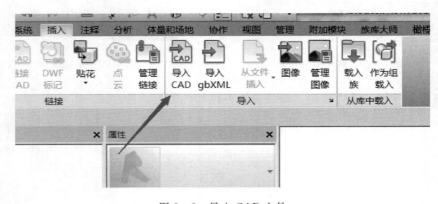

图 8-2 导入 CAD 文件

第八章 三维地形的创建

然后在弹出的对话框中选择需要的 CAD 文件，并进行必要的导入设置，如导入的颜色、单位、定位等，这里颜色选择黑白即可，定位选择中心到中心或者原点到原点，并进行确定，这样这个 CAD 就导入到项目中，如图 8-3 所示。

图 8-3 选择要导入的 CAD 文件

接下来就是创建地形表面的工作，点击"体量与场地"选项卡中的"地形表面"按钮，然后点击"放置点"命令，如图 8-4 所示。

图 8-4 点击"放置点"按钮

这时候就可以在项目中根据导入的 CAD 地形图中的等高线进行高程点的放置，在需要的地方通过单击放置，默认放置的是高程为零的点，当需要改变高程的时候，在选项卡下边的参数中改变高程，如图 8-5 所示。

直到放置完所有的点后，如图 8-6 所示。

放置完成所有的高程点，接下来可以给地形表面设置材质，比如这个地形中，我们想让主体地面显示绿色的草地，河沟的地方显示河流。

选中地形，在地形属性中选择"材质装饰"，新建一个材质，重命名为"大场地"，

71

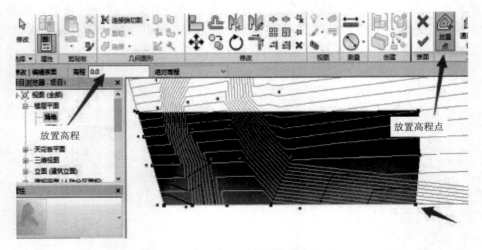

图 8-5　在选项卡下修改高程

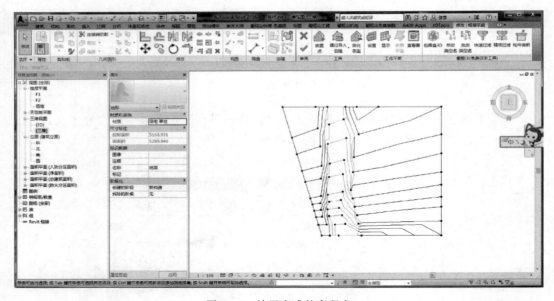

图 8-6　放置完成的高程点

打开"材质浏览器"在"外观库"中对"大场地"赋予一个外观，在真实模式时可以看到。

　　在场地中有一块类似于峡谷的地区，把它看作是一条小溪，利用"子面域"功能来构建这一条小溪，选择"子面域"，通过绘制，将小溪的区域绘制出来，并给小溪赋予一个材质，点击完成，这样小溪就绘制完成了。用同样的方法可以进行绿地的材质设置。设置好材质后在下方的视图选项里选择真实模式。这是就可以在三维场景中浏览创建好的地形，如图 8-7 所示。

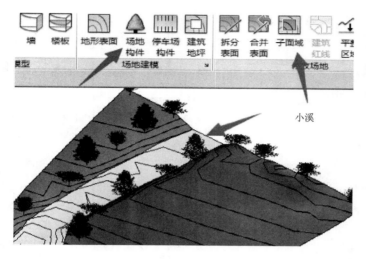

图 8-7　浏览地形

为了丰富场地表面还可以添加场地构件，如各种植物、汽车、人物等。地形表面创建好之后，还要根据建筑物的情况进行场地修改，如放置建筑红线、建筑地坪、土方开挖、回填等。

之前已经建好了水闸的模型，现在需要根据水闸的尺寸进行基坑的开挖，然后将水闸模型放置在基坑中。

首先，在"体量与场地"选项卡下，选中"拆分表面"功能，如图 8-8 所示。

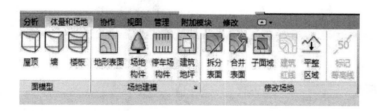

图 8-8　选中"拆分表面"

启动"拆分表面"后，点击整个地形表面，在相关的轴网下绘制需要开挖的地块，选中拆分的表面后将它的"属性"图框中"创建阶段"改为"现有"，如图 8-9 所示。

接着，选中"体量与场地"选项卡下的"平整区域"功能，在弹出的图框中选择"创建与现有地形表面完全相同的新地形表面"选项，点击需要编辑的地形，则可以看到，相应的地形部分会出现若干地形高程点，则依次对高程点的高程进行修改，如图 8-10 和图 8-11 所示。

修改高程点后拆分出来的区域会根据高程点的变化进行改变，产生需要的基坑，如图 8-12 所示。

图 8-9　"创建阶段"改为"现有"

图 8-10　弹出的对话框

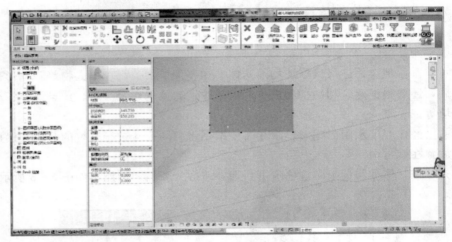

图 8-11　修改高程点

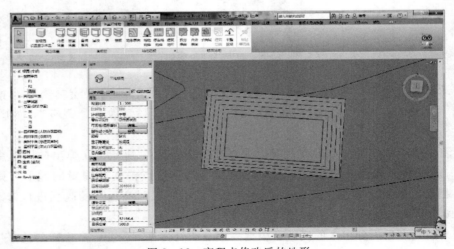

图 8-12　高程点修改后的地形

接着按照绘制的轴网参照进行其他基坑的开挖，每一块区域分别按照建筑物的构件在属性中进行命名。一块一块地拆分直到最后按照水闸的需要完成整个基坑的开挖，如图8-13所示。

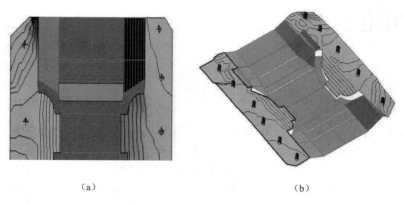

（a）　　　　　　　　　　　　　　（b）

图8-13　开挖好的水闸地基

基坑开挖完毕后可以在属性中进行材质的修改，这个在前边已经介绍过，这里不再赘述。在基坑形成的同时，其属性中有一个剪切量在变化，即土方开挖量，存盘为"基坑开挖"。

基坑开挖完成后就需要将模型放置进入场地中，打开已经创建好的水闸模型，选中"插入"选项卡中的"作为组载入"，在弹出的对话框中选择创建好的地形文件，选择"项目浏览器"的"组"下面的"模型"下面的基坑开挖文件。单击右键选择创建实例，在水闸模型进行放置，利用"旋转"和"平移"等功能，将水闸模型与相应的地形衔接完毕，如图8-14所示。

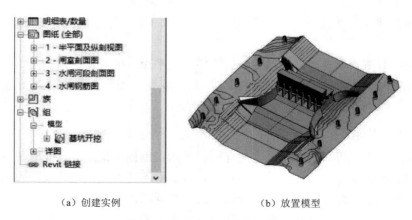

（a）创建实例　　　　　　　　　　（b）放置模型

图8-14　载入模型和放置模型

至此，场地以及建筑物模型创建完成。

第九章
创建图纸

图纸就是工程的平面图、立面图和剖面图这些二维的视图。将已经绘制出来的三维模型打印并直接交给施工单位，施工单位是无法据此施工的，因为三维模型只能使施工单位直观地看到工程的空间形状，而无法标注准确的尺寸。因此，还要基于已建好的三维模型来生成施工图纸，再转到 CAD 格式，或直接在 Revit 中打印，这些在 Revit 中都提供了现成的工具。

图纸是工程师的语言，仅仅有了构件的轮廓只能说是哑语，造价人员、施工人员等还需要用到轮廓尺寸、工程要达到的质量标准和要求等，所以还要在详图上添加很多标注和说明。

在 Revit 中如何才能创建完整的图纸呢？模型画出来之后已经有了各种标高下的平面视图和南、北、东、西四个立面视图，根据这些视图创建详图，在详图的基础上利用详图线、二维几何图形等添加其他图纸二维要素。

图 9-1 为水闸平面布置图，在水闸的平面图中除了水闸的基本轮廓线外，还有其他 12 项要素，我们需要在 Revit 中完成这 12 项要素。在制作这 12 项要素之前，很重要的一件事情必须事先明确，那就是"线宽"的问题，线宽用 b 表示，$b = 0.5 \sim 2.0 \text{mm}$，粗实线的线宽是 b，细实线是 $b/3$，在 Revit 中称为宽线、细线，可以修改线宽。

一个工程的图纸有很多张，做图纸的顺序是先平面、后立面、再剖面，所以本章以水闸平面布置图为例，详细说明水闸轮廓线和 12 项要素如何创建，从而形成完整的工程图纸。

一、创建详图

创建图纸需要先用详图索引来创建详图。虽然模型画出来之后已经有了各种标高下的平面视图和南、北、东、西四个立面视图，但最好不要直接把这些视图作为创建图纸的底图，应首先创建详图索引，形成详图视图，在详图的基础上再做图纸。一方面是因为详图更精细，另一方面是在详图视图环境中，可以添加二维图素，如详图线、各种二维几何图形等，以便补充完善图纸。

我们在做模型时设定了 F1、F2、F3、F4 四个标高，在 F2 标高往下投影整个水闸除了机架桥都能看到，如图 9-2 所示。

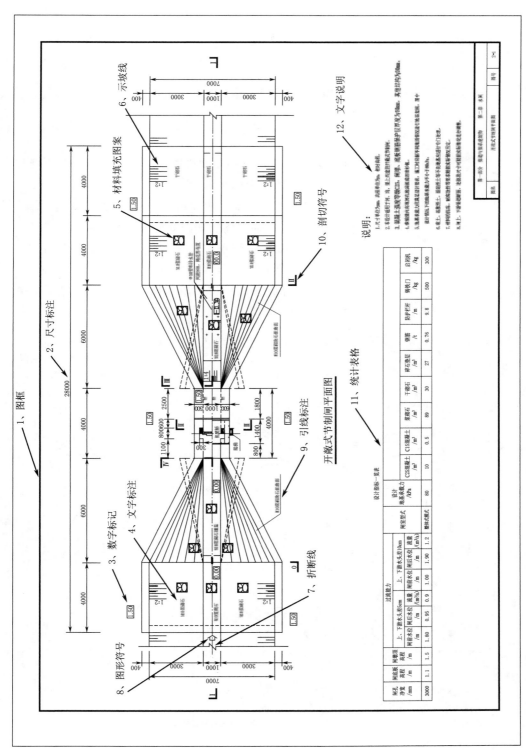

图 9 - 1　施工图中的图纸要素

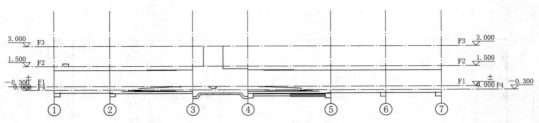

图 9-2　南立面视图

图 9-3　选按 F2 标高

所以我们以"F2 标高平面视图"作为"父视图"创建详图索引。创建详图索引的步骤如下。

（1）在"项目浏览器"中双击 F2 标高，如图 9-3 所示。

（2）进入 F2 平面视图，如图 9-4 所示。

（3）打开"视图"选项卡，在"创建"面板中点击"详图索引"按钮，选择"矩形"，如图 9-5 所示。

（4）在 F2 平面视图中拉出矩形框，如图 9-6 所示，并点击矩形框，每边出现一个小圆点。

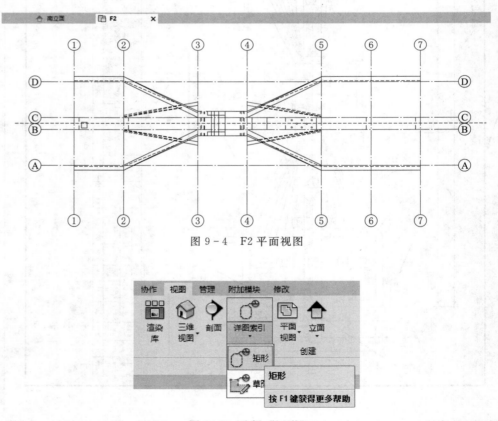

图 9-4　F2 平面视图

图 9-5　选择"矩形"

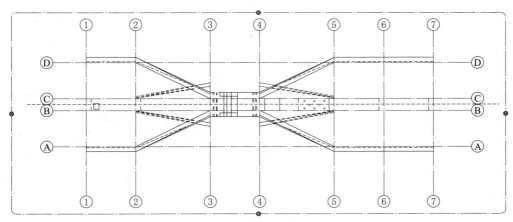

图 9-6　详图视图区域

拖拽小圆点可以放大缩小详图视图的可视区域。本书在这里 Revit 自动创建的详图名称是详图 5。如图 9-7 所示的项目浏览器，在项目浏览器中选中详图 5 按右键可以重命名。

双击详图 5，可进入详图 5 视图，如图 9-8 所示。在水利工程图纸中一般不需要画出轴网，建筑工程中要有轴网，所以我们把轴网设为不可见。

在详图 5 视图中选择"属性"，选择详细程度为"精细"，点击"可见性/图形替换"右边的"编辑…"按钮，如图 9-8 所示。

点击"编辑…"按钮后，弹出"详图视图：详图 * 的可见性/图形替换"对话框，在对话框中打开"注释类别"

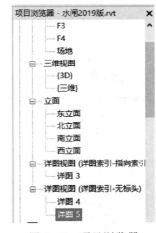

图 9-7　项目浏览器
中的"详图 5"

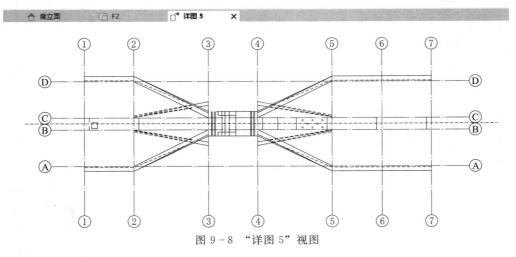

图 9-8　"详图 5"视图

图 9-9 设置"可见性/图形替换"

选项卡，在过滤器列表中找到"轴网"，点击左侧的对钩，取消钩选，如图 9-10 所示。

取消钩选后，点击下方的"确定"按钮，返回到详图 5，如图 9-11 所示。

在图纸中可见的线条主要是构件（图元）的轮廓线，还有看不见的主要构件的轮廓线要按虚线显示。

（5）在"属性"栏点击"图形显示选项"右边的"编辑…"按钮，如图 9-12 所示。

选择"隐藏线"，"隐藏线"就是虚线，点击确定，返回到详图 5，如图 9-13 所示。

至此，通过以上五个步骤，水闸平面图的构件轮廓线基本上都有了，因此，有了这些功能，我们就不需要到 CAD 中绘制这些轮廓线了。这些轮廓线实际是三维模型在 F2 标高向下的投影，有时候这样投影出来的视图还

图 9-10 "详图视图：详图 5 的可见性/图形替换"对话框

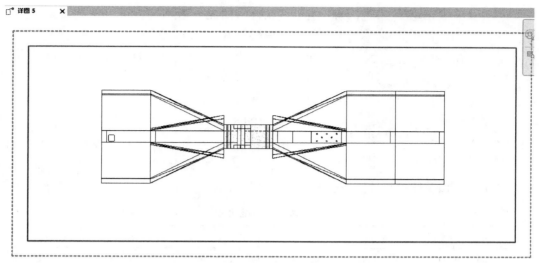

图 9 - 11　隐藏轴网

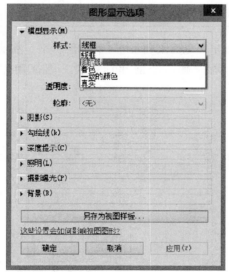

图 9 - 12　设置图形显示

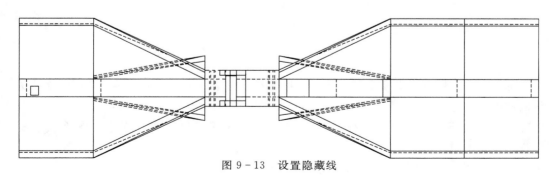

图 9 - 13　设置隐藏线

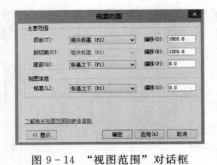

图 9-14 "视图范围"对话框

有一些构件（图元）看不到，可以转到 F2 视图中点击"属性"中"视图范围"右侧的"编辑"按钮，弹出"视图范围"对话框，如图 9-14 所示。对视图的可视范围、深度进行设置，可多试几次，直到满足要求。

二、图框

图框包括图纸幅面和标题栏。根据《水利水电工程制图标准　基础制图》（SL 73.1—2013）规定，图纸的幅面及图框尺寸应符合表 9-1 的规定。

表 9-1　　　　　　　　　　　　　　　　基本幅面及图框尺寸

幅面代号	A0	A1	A2	A3	A4
$B\times L/(\text{mm}\times\text{mm})$	841×1189	594×841	420×594	297×420	210×297
c/mm		10		5	
a/mm		25			

必要时可加长，具体规定参见《水利水电工程制图标准　基础制图》（SL 73.1—2013）。

无论图样是否装订，均应画出图框和标题栏。图框用粗实线绘制，线宽为 1～1.5b，如图 9-15 所示。

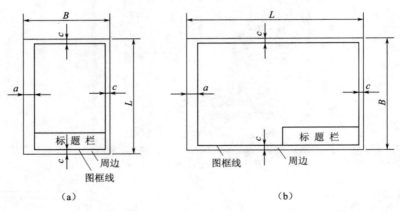

（a）　　　　　　　　　　　　　　（b）

图 9-15　图框

标题栏可按图 9-16 所示尺寸绘制。标题栏的外框线为粗实线，线宽 b，分格线为细实线 $b/3$。

下面是在 Revit 中制作图框族的步骤，图框有三部分组成：周边、图框线和标题栏。

（1）画周边。在图 9-17 所示的界面"新建"族。

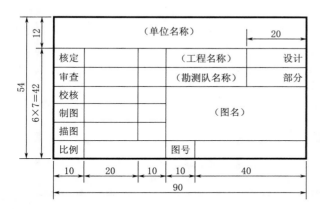

图 9-16 标题栏

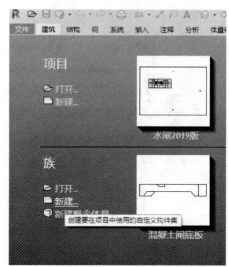

图 9-17 "新建"族

弹出图 9-18 所示的选择族样板对话框，注意族样板文件的扩展名是".rft"。

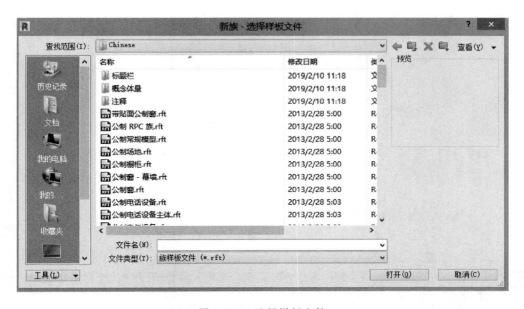

图 9-18 选择样板文件

进入标题栏文件夹，如图 9-19 所示，这些样板可在网上搜索下载，也可自行制作。选择"A3 公制.rft"，进入图 9-20。

选择"修改"选项卡中的测量工具，如图 9-21 所示。

图 9-19　选择图幅

图 9-20　打开样板

图 9-21　使用测量工具

测量一下图框的长边和短边分别是多少。

应该是：长边 420mm，短边 297mm，根据《水利水电工程制图标准　基础制图》（SL 73.1—2013）规定，这四条边成为"周边"。这个"周边"过去是裁图用的，也称为裁图线，目前由于直接打印到 A3 图纸上，可以作为打印图纸时的窗口范围。选中四个周边，把周边的线型改成"细线"，如图 9-22 所示。

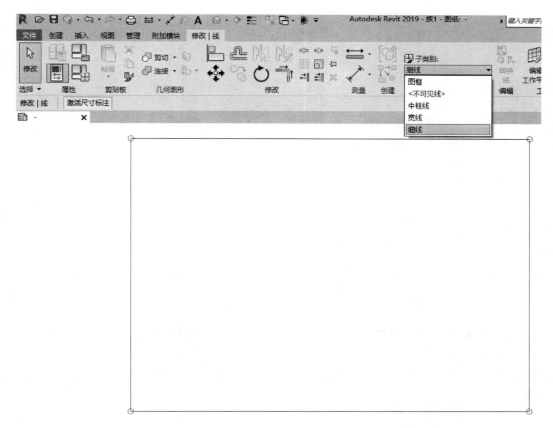

图 9-22　测量图框尺寸

（2）画图框线。选择"创建"选项卡中的"线"命令，如图 9-23 所示。在"子类别"中改为"宽线"，按照图 9-24 在左下角拉出 25mm 的距离向上划线。

图 9-23　选择"线"

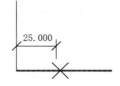

图 9-24　向右拉出 25

绘制出的图框线如图 9 - 25 所示。

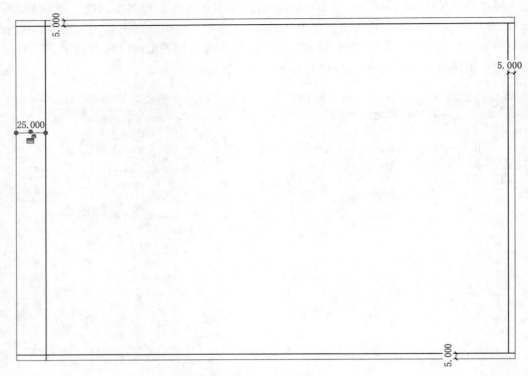

图 9 - 25　绘制图框线

利用"修改"选项卡中的"修剪"工具，把长出来的图框线进行修剪，最终如图 9 - 26 所示。

（3）画标题栏。参照图 9 - 27 的尺寸，先用宽线画出标题栏的外框，如图 9 - 28 所示。

再按照图 9 - 27 的尺寸，用细线分格，如图 9 - 28 所示。

选择"创建"选项卡，"文字"工具，如图 9 - 29 所示，在标题栏中按照图 9 - 30 所示写入文字。

在写文字时，通过文字族的"编辑类型"可复制、重命名，修改文字的字体、文字大小、宽度系数等生成新的文字族类型，据此调整文字的字体和大小。

最后生成的图框如图 9 - 31 所示。

另存为族文件".rfa"格式，选择储存的文件夹，命名为"水利 A3 公制"。

进入到我们的水闸项目，选择"插入"选项卡，用可载入族载入刚才的图框。在项目浏览器中的"族"下面的"注释符号"类别中会增加"水利 A3 公制"族。

下面是将详图放入图框中的步骤。

（1）新建图纸。选择"视图"选项卡，点击"图纸"按钮，弹出"新建图纸"对话框，如图 9 - 32 和图 9 - 33 所示。

图 9 - 26　修建多余线段

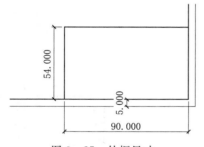

图 9 - 27　外框尺寸

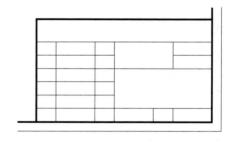

图 9 - 28　标题栏线框

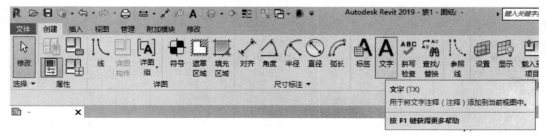

图 9 - 29　选择"文字"

河南华北水利水电勘察设计有限公司					
核定		工程 名称		阶段	
审查				部分	
校核		图纸 名称			
制图					
设计					
比例		图号		日期	

图 9-30 写入文字

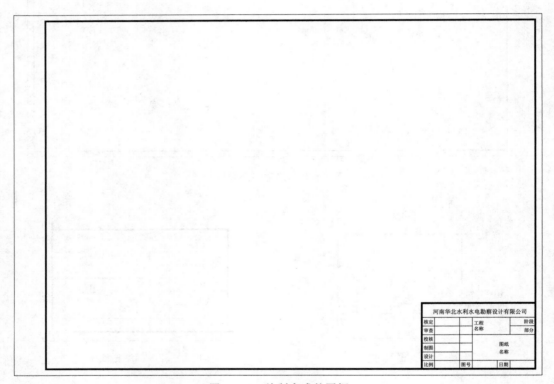

图 9-31 绘制完成的图框

图 9-32 点击"图纸"按钮

图 9-33　"新建图纸"对话框

在"项目浏览器"中右键"图纸""新建图纸"也能弹出图 9-33 所示的"新建图纸"对话框。在"新建图纸"对话框中选择"水利 A3 公制：A3"，点"确定"，得到图 9-34 所示的图纸。

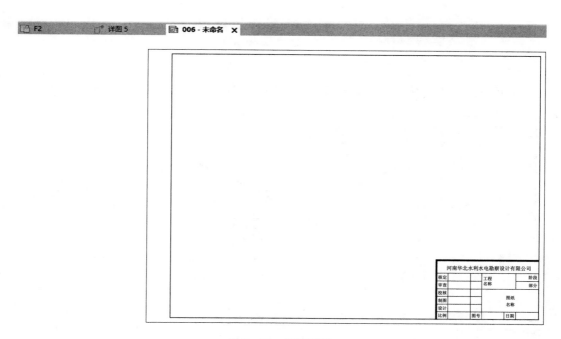

图 9-34　新建图纸

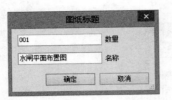

图 9-35 "图纸标题"对话框

在项目浏览器中右键选择刚才未命名的图纸，弹出图 9-35 所示的"图纸标题"对话框，在"数量"栏输入图纸序号，在"名称栏"输入图纸名称。

（2）添加详图。在项目浏览器中选择"图纸""001-水闸平面布置图"，按右键弹出菜单，如图 9-36 所示。

选择"添加视图"弹出图 9-37 所示的"视图"对话框，在对话框中显示了项目中所有的视图，可以看一下，哪些属于视图。三维视图、明细表、标高平面、立面、详图等都属于视图。

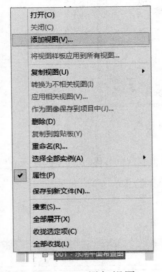

图 9-36 添加视图

图 9-37 选择要添加的视图

在图 9-37 中选择"详图 5"，点击"在图纸中添加视图"，结果如图 9-38 所示。

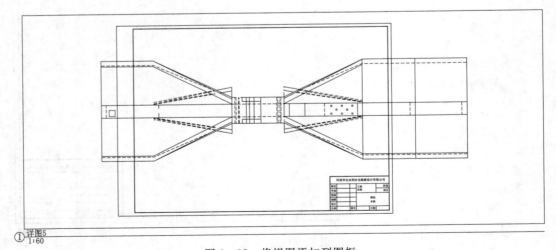

图 9-38 将视图添加到图框

可以看出"视口"的比例不协调，选中视口，在视口的属性栏选择不同的比例来调整视口的大小，如图9－39所示。

图9－39　调整视口大小

选择1∶100比较合适，如图9－40所示。

此时双击"1∶100"就可以对图纸进行修改编辑，其他部分变为灰色，如图9－41所示。

图9－41中视图窗口框偏大，我们可以到详图中把矩形窗口缩小，延伸线偏长，我们可以在视口的属性的编辑类型中把"显示延伸线"的对钩去掉，如图9－42所示，修改后得到的结果如图9－43所示。

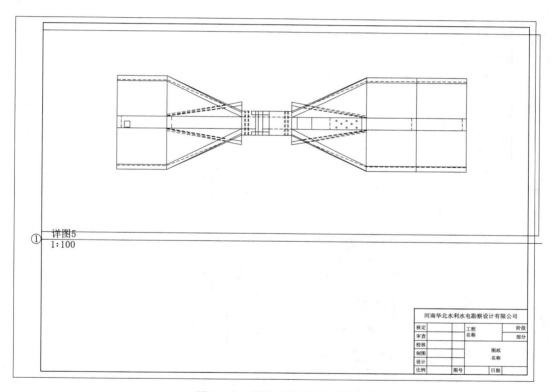

图9－40　调整后的图框与视图

图9－43的图纸中的图形实际上是详图中的图形，在详图中对图形修改编辑的结果，能体现在图纸视口中的图形。但是，我们还是建议尺寸的标注等图纸中很多要素的创建，即对图纸的完善工作要在图纸中完成，不要在详图中制作，因为比例不一样，有的要素可跟着比例缩放，有的不能。

三、尺寸标注

尺寸标注要明确几个问题：①标注谁；②标注样式；③如何传递尺寸数据。在图纸

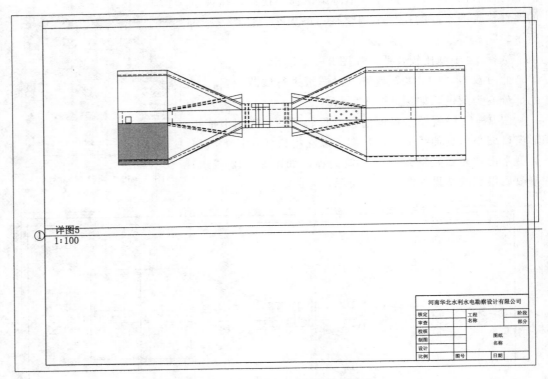

图 9-41　双击视口对图形进行编辑

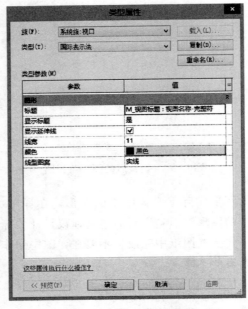

图 9-42　取消显示延伸线

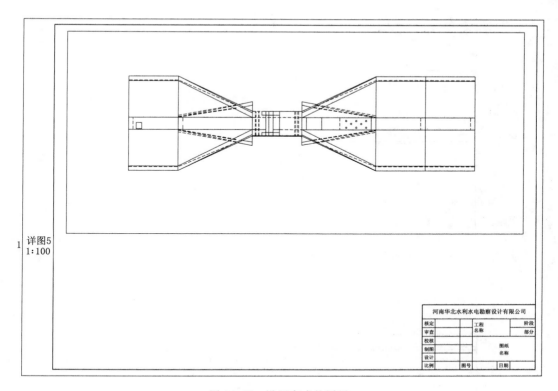

图9-43　设置完成的图纸

中，双击比例，才能进入视口编辑图形。

（1）标注谁。在标注尺寸时，必须标注实体，图9-44和图9-45是两种标注的情况，图9-44右侧参照的是1∶2浆砌石扭坡，属于弱参照；图9-45右侧参照的是1∶2浆砌石护坡，是要标注的实体本身的边缘。虽然标出的尺寸都是4000mm，但是如果在护坡的属性参数中改变1∶2浆砌石护坡的长度，图9-44标注的尺寸不跟着变化，图9-45标注的尺寸跟着变化。如图9-46和图9-47所示。

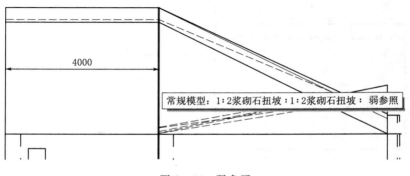

图9-44　弱参照

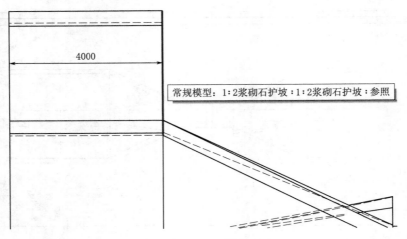

常规模型：1:2浆砌石护坡：1:2浆砌石护坡：参照

图 9-45　参照

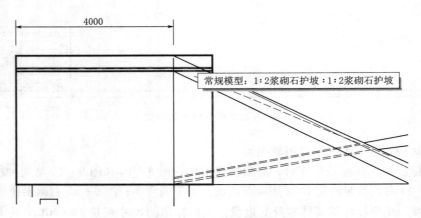

常规模型：1:2浆砌石护坡：1:2浆砌石护坡

图 9-46　尺寸标注不变

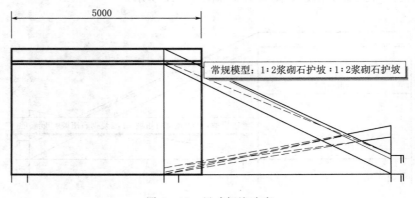

常规模型：1:2浆砌石护坡：1:2浆砌石护坡

图 9-47　尺寸标注改变

在拾取右侧边缘的时候有时找不到本实体的边缘，需要按 Tab 键找到这个实体。

（2）标注样式。《水利水电工程制图标准　基础制图》（SL 73.1—2013）规定，尺寸单位用 mm，尺寸箭头采用全箭头，尺寸数字一般注写在尺寸线上方的中部。

在 Revit 中，可通过编辑"系统族""尺寸标注样式"来满足本专业的要求，如图 9-48 和图 9-49 所示。

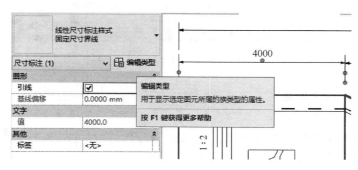

图 9-48　选择"线性尺寸标注样式"

（3）传递尺寸数据。尺寸标注的数值反映了实体的尺寸、实体与实体之间的距离等，这些数据是进行水利计算、水力计算、结构计算、工程造价等的基础数据，需要把这些数据传递出去，Revit 提供了三种参数来解决这个问题，这三种参数是：项目参数、共享参数和全局参数。

我们这里用的是全局参数，全局参数是 Revit 2017 版以后才有的。

选中尺寸标注，如图 9-50 所示。

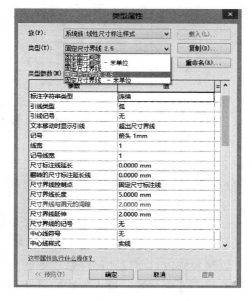

图 9-49　选择标注样式类型

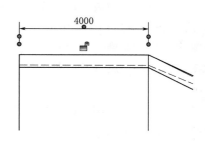

图 9-50　选中尺寸标注

此时在功能区面板中会出现"标签尺寸标注",如图 9-51 所示。

图 9-51 "修改│尺寸标注"选项卡

点击"创建参数"按钮,为"标签"添加参数,弹出图 9-52 所示的"全局参数属性"对话框。

名称可输入"上游左岸护坡长度",点击"确定"。在尺寸标注的"属性"中的"在视图中显示标签"右侧打上对钩,如图 9-53 所示。

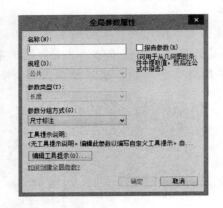

图 9-52 "全局参数属性"对话框

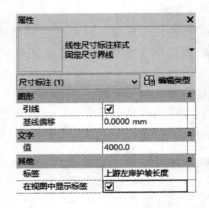

图 9-53 设置标签可见性

此时尺寸标注如图 9-54 所示。

我们注意到,图 9-54 中右上角有一只笔,点击这只笔可进入管理"全局参数"对话框,如图 9-55 所示。

刚才我们添加护坡长度这个参数时,在图 9-52 中选择的参数分组方式是"尺寸标注",所以在图 9-55 中显示的是把这个参数分配到"尺寸标注"组。这个"分组"实际是参数的数值类型,这个数值类型很重要,必须与相关联的参数数值类型一致。可以试着在这里修改全局参数的值,比如我们把 4000 改成 5000,会出现图 9-56 所示的错误情况。

也就是说,护坡的长度修改,尺寸标注可以跟着修改,而尺寸标注修改护坡的长度不能修改。怎么才能让这种修改成为双向的呢?我们选中护坡,进入护坡的属性,如图 9-57 所示。

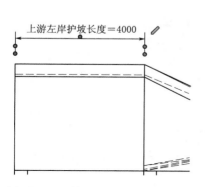

图 9-54　添加为标签后的尺寸标注

图 9-55　"全局参数"对话框

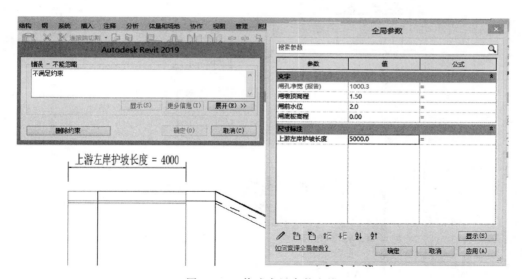

图 9-56　修改全局参数出错

　　在有些参数的右侧有一个小按钮可以关联全局参数，我们点击"护坡长度"右侧的小按钮，弹出图 9-58"关联全局参数"对话框。

　　选择"上游左岸护坡长度"这个参数，点击确定，这时会看到属性栏中"护坡长度"右侧的小按钮上添加了"＝"，且参数和参数值都变成了灰色，在属性中不能修改了。

　　我们再选中尺寸标注，点击右上角的笔，再弹出图 9-55 所示的管理全局参数对话框，再把 4000 改为 5000，会出现图 9-59 所示的情况。

　　这说明"改实体、标注变、改标注、实体变"双向修改都可以了，但是实体的属性

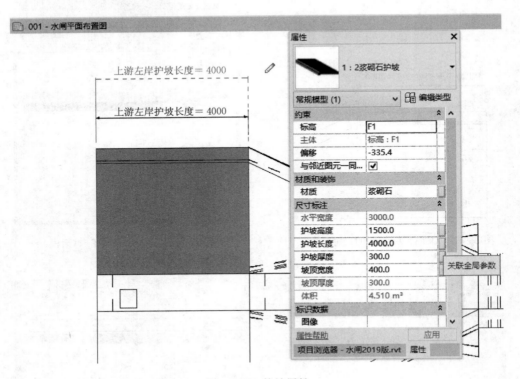

图 9 - 57　护坡属性

图 9 - 58　"关联全局参数"对话框

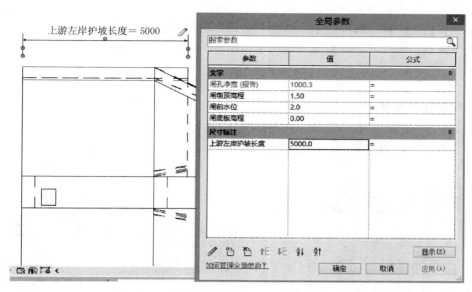

图 9-59　在"全局参数"对话框中修改参数值

中的参数要想修改只能到全局参数中修改了。

　　如果不需要通过修改标注来改变实体的尺寸，只需要读取实体的尺寸，可以把参数改为"报告"参数。

　　选中护坡实体，点击属性栏中护坡长度右侧的小按钮弹出图 9-60 所示的"关联全局参数"对话框，选择"无"，即取消关联全局参数。

　　选中标注的尺寸，点击右上角的笔，进入管理"全局参数"对话框，点击左下角的笔（编辑全局参数），弹出图 9-61 所示的"全局参数属性"对话框，在报告参数左侧打对钩，点击确定。

图 9-60　可选择"无"取消关联全局参数

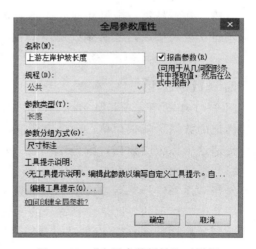

图 9-61　"全局参数属性"对话框

修改之后，管理"全局参数"对话框中的参数名称和参数值都变成了灰色，也就是说，不能像前面一样在管理"全局参数"对话框中修改这个参数了，如图 9-62 所示。

如果再点击属性栏护坡长度右侧的小按钮去关联全局参数就会出现如图 9-63 的错误提示。

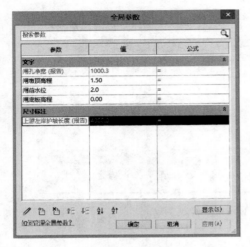

图 9-62　参数名称和值显示为灰色

图 9-63　错误提示

由此可以看出，尺寸标注如果关联的是"报告"全局参数，它只反映实体的几何尺寸数据，在哪里可以改这个参数呢？只能在实体的属性里修改这个护坡长度。

全局参数建立以后，不仅可以关联到本实体属性参数，也可以关联到其他实体和明细表中，这就是数据传递，后面讲到明细表时再具体讲。模型的参数就是信息，这些信息可为工程设计、招投标、施工、运维全生命周期中的管理使用，所以 BIM 的真正意义就是参数的传递。

当然，并不是每一个尺寸标注都要建立全局参数，只有在工程管理需要这方面的信息时才建立全局参数。全局参数是 2017 版以后才具有的功能，是 Revit 最核心的一个新功能，要想搞好 BIM，一定要弄清 Revit 中各种"参数"的逻辑。

四、数字标记

图 9-1 中的第 3 项是数字标记，平面图中的高程都用这种数字标记。如果不向外传递标记的数据，就很简单，画个矩形框，跟标注文字一样写上数字就可以了。如果要向外传递这个标记的数据，就得建一个"标记族"。建"标记族"的步骤如下。

（1）在应用程序栏点击"新建"，选择"注释符号"，如图 9-64 所示。

选择"注释符号"后弹出图 9-65 所示的界面。

图 9-65 显示的界面是注释符号的样板文件，如果没有可到网上搜索下载，我们选择"公制常规注释.rft"，点击"打开"，进入图 9-66 所示的界面。

把红色的注释删掉。画出一个 8×3 的矩形，如图 9-67 所示。

图 9-64 选择"注释符号"

图 9-65 选择样板文件

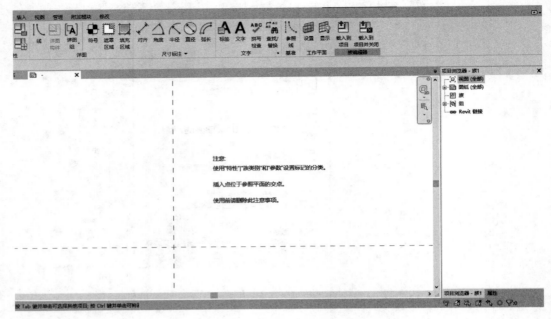

图 9-66 "公制常规注释"创建界面

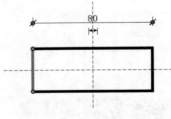

图 9-67 绘制矩形框

选择"创建"选项卡，在选项卡下点击"标签"按钮创建标签，鼠标点击绿色十字线的交点，弹出图9-68 所示"编辑标签"对话框。

点击左下角的"🛅"按钮，添加参数，弹出"参数属性"对话框，如图 9-69 所示。

按照图 9-69 选择各项，名称栏输入"闸墩顶高程"，点击"确定"，回到图 9-70 所示的"参数属

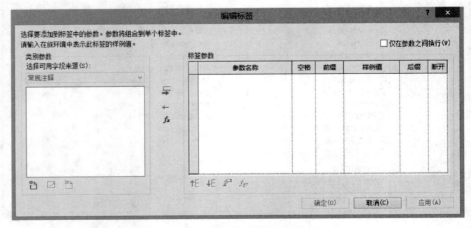

图 9-68 "编辑标签"对话框

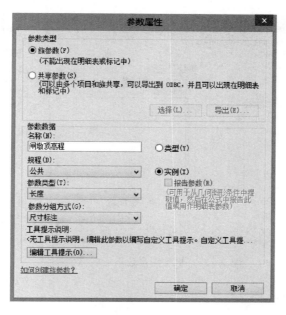

图 9-69 "参数属性"对话框

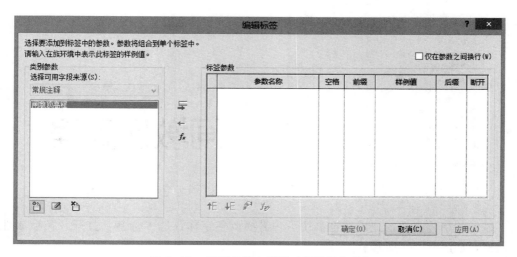

图 9-70 识别参数中新增"闸墩顶高程"

性"对话框。此时，左侧的类别参数下新增了"闸墩顶高程"参数。

选中"闸墩顶高程"点击"⬇"按钮，将左侧的参数添加到标签，此时在"标签参数"栏添加了"闸墩顶高程"参数，如图 9-71 所示。

点击对话框下面的"♦"按钮，进入图 9-72 所示的界面。

把"使用项目设置"左侧的对钩去掉，选择"2 个小数位"，点击确定，回到绘图

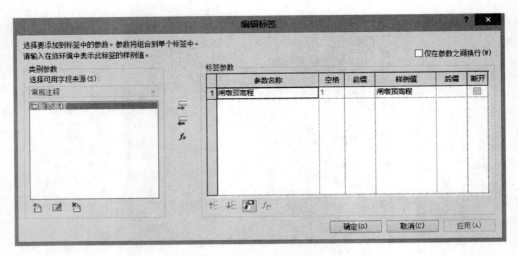

图 9-71　将类别参数添加到标签参数

界面，如图 9-73 所示。

图 9-72　设置参数格式　　　　　图 9-73　设置后的标签

　　显示的字体很大，把矩形也盖住了，需要调整字体。选中标签，打开"类型属性"对话框，如图 9-74 所示。

　　点击"复制"，把 3mm 改为 1.8mm，标签尺寸改为 6mm，字体改为"仿宋体"，调整成如图 9-75 所示。

　　在标签的上面标注上文字"闸墩顶高程"，如图 9-76 所示。

　　存盘为"闸墩顶高程.rfa"文件。

　　(2) 回到项目中，"插入""可载入族"，把"闸墩顶高程.fra"族载入到项目中，在项目浏览器"族"下面的"注释"类别出现了闸墩顶高程族类型，如图 9-77 所示。

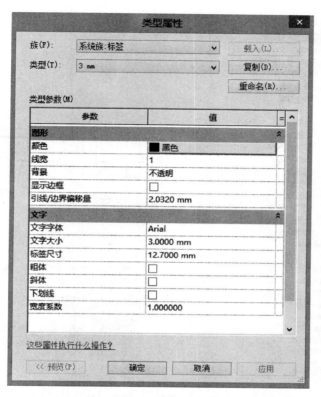

图 9-74 "类型属性"对话框

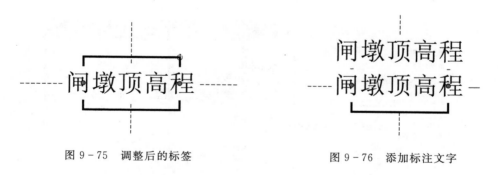

图 9-75 调整后的标签　　　　　　　　　图 9-76 添加标注文字

　　选中"闸墩顶高程"右键菜单中选择创建实例，到平面图的闸墩处放置这个标记族实例，如图 9-78 所示。

　　标记中的参数值显示的是"?"，说明还没有赋值，打开属性，为标签赋值为 1.50，如图 9-79 所示。

　　如果要把这个高程值传递出去，需要按右侧的小按钮关联全局参数。如果没有可关联的全局参数，点击" "按钮新建全局参数，如图 9-80 所示。注意这里只能关联"文字"类型的参数。

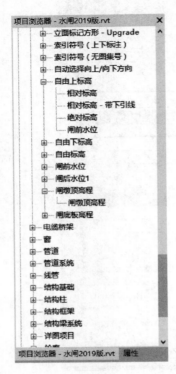

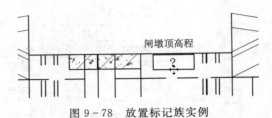

图 9-78　放置标记族实例

图 9-77　在项目浏览器中找到"闸墩顶高程"　　图 9-79　为标签赋值"1.50"

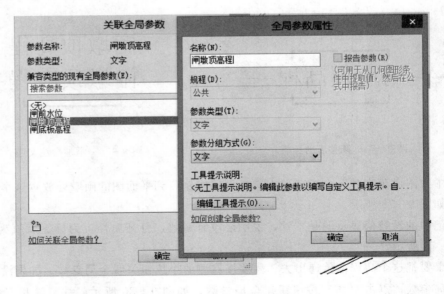

图 9-80　关联全局参数

关联全局参数后，这个高程数值可以传递给其他关联了这个全局参数的族实例和明细表，但其数值需要到全局参数中填写或修改，步骤为：选择"管理"选项卡点击"全局参数"，弹出管理"全局参数"对话框如图9-81所示。

　　在使用全局参数时一定要注意参数类型，有的是数值型，有的是文字型，不同类型的参数关联不上。

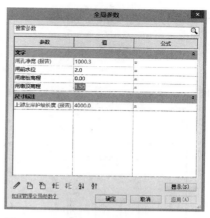

图9-81　弹出的管理全局参数对话框

五、文字标注

　　图纸中的文字标注就比较简单了，通过复制文字族类型可灵活地调整字体、大小等。

六、材料填充图案

　　选择"注释"选项卡，在"详图"面板中点击"区域"按钮，如图9-82所示。

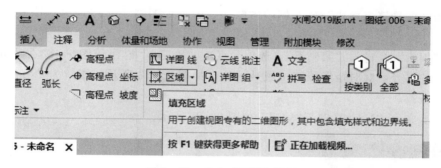

图9-82　点击"区域"按钮

点击"区域"按钮后出现图9-83所示的界面。

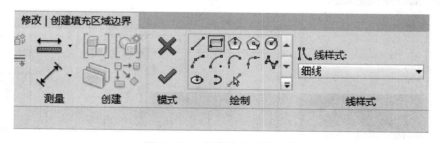

图9-83　创建填充区域边界

　　选择矩形，在绘图区画出矩形，如图9-84所示。

　　打开"属性"，点击属性栏点击右上角的"编辑类型"，弹出"类型属性"对话框，如图9-85所示。

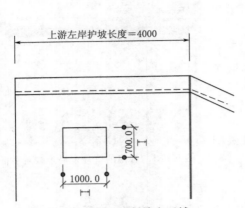

图 9-84　绘制填充区域

图 9-85　设置填充区域类型属性

点击"前景填充样式"最右侧的省略号，弹出如图 9-86 所示的"填充样式"对话框。

在"搜索"栏输入"浆砌石"，选中后点击"确定"，返回到图 9-83 所示的界面，点击绿色的对号，此时矩形填充区域被填充，如图 9-87 所示。图案为".pat"文件，可到网上查找。

标注上文字"M10 浆砌石块石"，如图 9-88 所示。

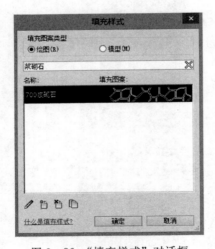

图 9-86　"填充样式"对话框

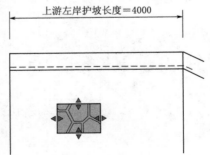

图 9-87　设置完成的填充区域

M10浆砌块石

图 9-88　为填充区域标注文字

七、示坡线

选择"注释"选项卡，点击"高程点　坡度"，如图 9-89 所示。

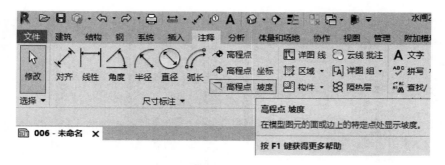

图 9-89 点击"高程点 坡度"

到详图中放置示坡线，如图 9-90 所示。

选中示坡线，打开属性，编辑类型，复制，名称修改为"示坡线"，如图 9-91所示。

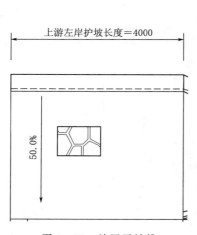

图 9-90 放置示坡线

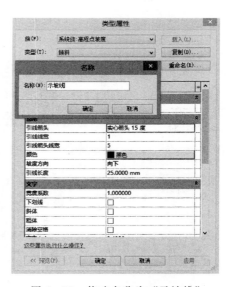

图 9-91 修改名称为"示坡线"

"引线箭头"改为"无"，点击"单位格式"右侧的按钮，弹出图 9-92 所示的对话框，按图中所示进行修改。

这样，刚才的示坡线变成了图 9-93 所示。

再复制两个类型，一个命名为"示坡线短线"，文字大小改为 0mm，引线长度改为9mm；另一个命名为"示坡线长线"，文字大小为 0mm，引线长度 15mm，如图 9-94所示。

连续用示坡线、示坡线短线、示坡线长线三种类型就能画出符合水利制图标准的示坡线，如图 9-95 所示。

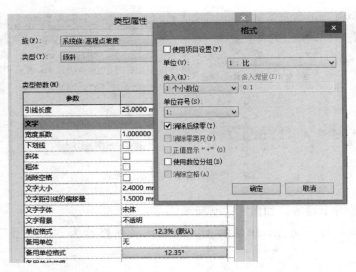

图 9-92　设置格式

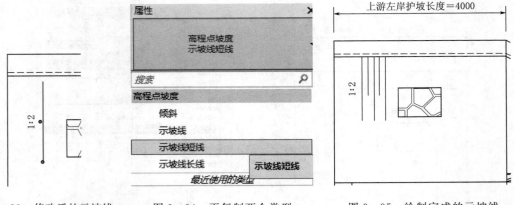

图 9-93　修改后的示坡线　　　图 9-94　再复制两个类型　　　图 9-95　绘制完成的示坡线

八、折断线

水闸的上下游连接的是渠道或河道，在水闸图纸中要体现出来一部分，一般用折断线打断。画折断线可以用详图线直接画，更方便的办法是用"详图构件"族，如图 9-96 所示。

点击"构件"后进入放置构件界面，打开属性，选择构件，如图 9-97 所示。

选择"折断线"，在详图中放置，如图 9-98 所示。

按空格键调整折断线的方向，拖拽控制柄调整构件形状和大小长短，如图 9-99 所示。

把水闸的轮廓线用"宽线"延长到折断线，如图 9-100 所示。

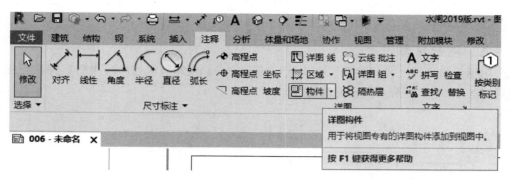

图 9－96　点击"钩件"按钮

图 9－97　左属性栏中选择构件

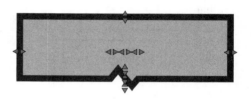

图 9－98　放置折断线

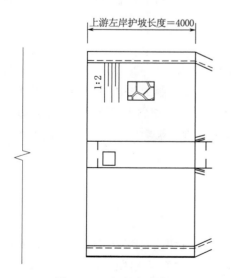

图 9－99　调整折断线

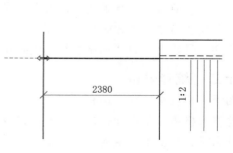

图 9－100　延长宽线到折断线

画上示坡线，由于延长的这一块没有实体的坡，所以用示坡线族无法标注，直接用详图线细线画就可以了，如图 9-101 所示。

九、图形符号

图形符号可以"常规注释"作为族样板新建族，在族编辑器中画出图形符号后载入项目，如图 9-102 所示的水流箭头。

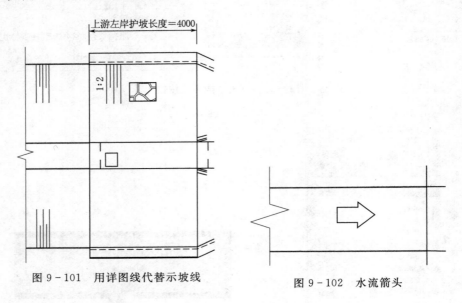

图 9-101　用详图线代替示坡线　　　　图 9-102　水流箭头

十、引线标注

引线标注虽然也有很多现成的族，但都不太符合水利工程制图的习惯，所以直接画详图线加文字标注更方便。

十一、剖切符号

根据《水利水电工程制图标准　基础制图》（SL 73.1—2013）规定，剖切符号应由剖切位置线和剖视方向线组成一直角，均应以粗实线绘制。剖切位置线的长度宜为 5～10mm，剖视方向线的长度宜为 4～6mm。绘图时，剖切符号不宜与图面上的图线接触。剖切符号的编号，宜采用阿拉伯数字或拉丁字母，按顺序由左至右，由下至上连续编号，并应注写在剖视方向线的端部。

剖切符号族可参照"水流箭头"族制作。

十二、统计表格

图纸上不仅有注释，还有表格，如图 9-103 所示。

这些表格主要是设计指标、主要工程量等，目的是让阅图者了解整个工程情况。这些设计指标、主要工程量数据大都来自模型中。在 CAD 中绘制图纸时，可以先做一个 Excel 表格，然后复制粘贴到 CAD 中，可是在 Revit 中不行。Revit 的理念是所有的数

设计指标一览表

闸孔净宽(mm)	闸底板高程(m)	闸墩顶高程(m)	过流能力						闸室型式	设计地基承载力(kPa)	主要工程量								
			上、下游水头差5cm			上、下游水头差10cm					C25混凝土(m³)	C15混凝土(m³)	浆砌石(m³)	干砌石(m³)	碎石垫层(m³)	钢筋(t)	防护栏杆(m)	铸铁门(kg)	启闭机(kg)
			闸前水位(m)	闸后水位(m)	流量(m³/s)	闸前水位(mm)	闸后水位(mm)	流量(m³/s)											
1000	0.0	1.5	1.00	0.95	0.9	1.00	0.90	1.2	整体开敞式	80	13	0.8	69	10	27	0.75	9.8	500	200

图9-103　设计指标一览表

据都来自模型，表格中的数据是模型的，不能去修改表格，要修改数据必须到模型的属性中修改，表格是模型数据的反映。基于这种理念，我们不可能先在 Excel 中把数据写好，然后复制粘贴到 Revit 中来。

Revit 中提供了"明细表"来完成图纸中的表格功能。明细表实际是一种视图，只不过这种视图不是模型实体的投影，而是模型中参数的投影。所以 Revit 把明细表归类为视图。下面我们通过创建明细表的步骤来理解 Revit 的理念。

（1）创建明细表。我们先来创建图9-103中的前11列，通过分析这11列的内容，发现闸孔净宽、闸底板高程等都不是哪一个模型的参数，所以先得建一个模型来存放这些参数，然后才能把这些参数"投影"到明细表视图。

1）先建一个柱子，如图9-104所示。

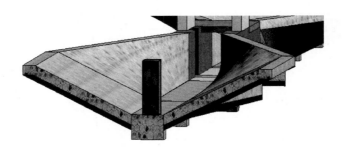

图9-104　先建一个柱子

看一下这个柱子属于哪个族类别，选中新建的柱子，打开"属性"，如图9-105所示。

从图9-105可以看出，这个柱子的族类型是"混凝土-矩形-柱 450mm×500mm"，我们再打开"项目浏览器"找到这个"混凝土-矩形-柱 450mm×500mm"族类型，看看这个族类型属于哪个族类别，如图9-106所示。

很明显，"混凝土-矩形-柱 450mm×500mm"族类型属于"结构柱"族类别。

2）建明细表。选择"视图"选项卡（由此可以看出，Revit 把明细表作为视图），在"创建"面板的右上角点击"明细表"，选择"明细表/数量"，如图9-107所示。

选择"明细表/数量"后，弹出9-108所示的"新建明细表"对话框。

图 9-105　柱子的属性

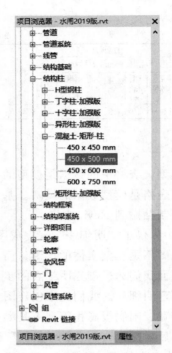

图 9-106　柱子的类别

图 9-107　点击"明细表"按钮

　　先选"类别",类别是指这个明细表基于哪类的构件,也就是这个明细表是哪类构件中参数的投影视图。同一类的构件其参数的名称相同,只是这类构件下面的实例可能创建了很多,不同的实例有不同的参数值,一个实例的参数值构成明细表的一行,有多少个实例这个明细表应当就有多少行。

　　刚才我们建了一个柱子,这个柱子属于"结构柱"类别,所以选择"结构柱"类别,如图 9-109 所示。

　　明细表的名称自动显示为"结构柱明细表",说明这个明细表是"结构柱"类别中参数的投影视图。选择"建筑构件明细表",点击"确定",弹出图 9-110 所示的"明细表属性"对话框。

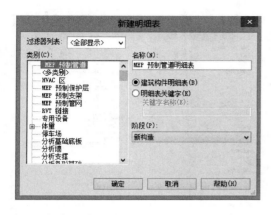

图 9-108　"新建明细表"对话框

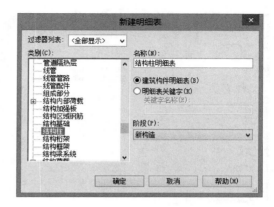

图 9-109　选择"结构柱"

对话框左侧有"可用的字段"，"字段"是指明细表的表头，左侧显示的是目前"结构柱"族类别中现有的参数，并没有我们需要的"闸孔净宽""闸底板高程"等。我们需要添加字段。点击 "新建参数"按钮，弹出图 9-111 所示的"参数属性"对话框。

图 9-110　"明细表属性"对话框

图 9-111　"参数属性"对话框

选择"项目参数"，在"名称"栏输入"闸孔净宽（mm）"，规程选"公共"，参数类型非常重要，闸孔净宽读的是图中的几何尺寸，不是手动输入的，所以其参数类型是"长度"，参数分组方式选择"文字"，选择"实例"参数，点击"确定"，回到"明细表属性"对话框，如图 9-112 所示。

继续点击" "按钮新建参数，输入"闸底板高程""闸墩顶高程"等，这些参数的参数类型选"文字"，因为"闸底板高程""闸墩顶高程"都是用注释族注释的，其参数都是手动输入的。11 个参数创建后如图 9-113 所示。

图 9-112 "明细表属性"对话框

图 9-113 创建参数

点击"确定",就会建立如图 9-114 所示的明细表。

〈结构柱明细表〉

A	B	C	D	E	F	G	H	I	J	K
闸孔净宽（mm）	闸底板高程（m）	闸墩顶高程（m）	闸前水位1（m）	闸后水位1（m）	流量1（m3/s）	闸前水位2（m）	闸后水位2（m）	流量2（m3/s）	闸室型式	地基承载力（kpa）

图 9-114 细构柱明细表

打开三维图,选中柱子,打开属性,可以看到刚才创建的参数也添加到柱子的属性中,而且都放在"文字"编组,如图 9-115 所示。

（2）把明细表视图添加到图纸。在项目浏览器中右键水闸平面布置图,在弹出的菜单中选择"添加视图",弹出"视图"对话框,选择"结构柱明细表",如图 9-116 所示。

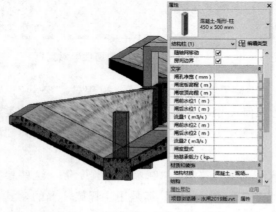

图 9-115 参数显示在属性栏中

图 9-116 选择"视图"

点击"在图纸中添加视图"按钮，在图框中选择适当的位置放置表格，如图9-117所示。

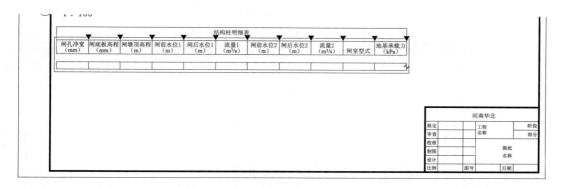

图9-117　在图纸中添加视图

下面对表格的外观进行完善。

表名改为"设计指标一览表"，字体改为仿宋体，字大小改为5mm。表中有一空行如何删掉呢？打开属性，点击"外观"按钮，弹出图9-118明细表属性对话框。

"数据前的空行"左侧的对钩去掉，点击"确定"。

在最上面一行直接按右键（注意不要按左键选择表格）弹出右键菜单，如图9-119所示。

在下方插入行，插入后合并相关的单元格，并输入文字，如图9-120所示。

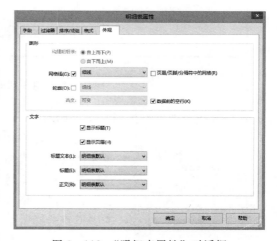

图9-118　"明细表属性"对话框

图9-119　设计指标一览表

回到"001-水闸平面布置图"，如图9-121所示。

（3）向表格添加数据。前面说过，明细表是构件中参数的投影，我们已经选了结构柱的11个参数投影到这个明细表。现在我们到三维视图中选中柱子，在其参数中填写

117

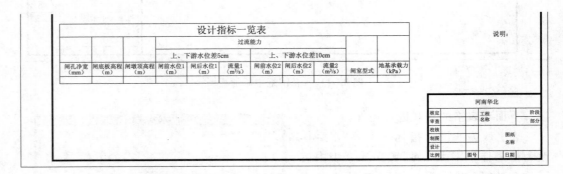

| ⌂〔三维〕 | 001 - 水闸平面布置图 | ▦ 设计指标一览表 ✕ | | | | | | | | |

<设计指标一览表>										
			过流能力							
			上、下游水位差5cm			上、下游水位差10cm				
A	B	C	D	E	F	G	H	I	J	K
闸孔净宽（mm）	闸底板高程（m）	闸墩顶高程（m）	闸前水位1（m）	闸后水位1（m）	流量1（m3/s）	闸前水位2（m）	闸后水位2（m）	流量2（m3/s）	闸室型式	地基承载力（kpa

图 9-120　调整"一览表"格式

设计指标一览表										说明：
			过流能力							
			上、下游水位差5cm			上、下游水位差10cm				
闸孔净宽（mm）	闸底板高程（m）	闸墩顶高程（m）	闸前水位1（m）	闸后水位1（m）	流量1（m³/s）	闸前水位2（m）	闸后水位2（m）	流量2（m³/s）	闸室型式	地基承载力（kPa）

图 9-121　返回到平面布置图视图

数据，看看能否把数据投影过来，如图 9-122～图 9-124 所示。

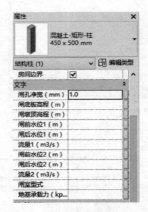

图 9-122　柱子的属性

我们在参数中填写的是 1.0，而在表格中显示的是 1，需要修改一下明细表的格式。打开明细表，在其属性中点击"格式"，选中"闸孔净宽（mm）"字段，点击"字段格式"按钮，弹出"格式"对话框，把"使用项目设置"左侧的对钩去掉，选择 1 个小数位数，对齐栏选择"中心线"，如图 9-125 所示。

注意，选中哪个字段才能修改哪个字段。

但是，表格反映的是整个模型的数据和图纸上的数据，所以我们需要先把这些数据关联到结构柱上去。

打开三维视图，选中柱子，我们看到柱子属性中我们添加的参数的右侧都有一个小按钮，这个小按钮可以关联全局参数，如图 9-126 所示。

点击"闸孔净宽（mm）"右侧的按钮，弹出图 9-127 所示的"关联全局参数"对话框。

注意，这个全局参数的参数类型是"长度"，对话框中没有可关联的全局参数。在对话框的左下角"🗋"按钮可以"新建全局参数"，但是，我们需要的"闸孔净宽"是要的图纸中的尺寸数值，可以在标注尺寸时创建全局参数。

118

〈设计指标一览表〉						
			过流能力			
			上、下游水位差5cm			
A	B	C	D	E	F	G
闸孔净宽（mm）	闸底板高程（m）	闸墩顶高程（m）	闸前水位1（m）	闸后水位1（m）	流量1（m3/s）	闸前水位2（m
1						

图 9-123 "设计指标一览表"视图

设计指标一览表											
			过流度力								
			上、下游水位差5cm			上、下游水位差10cm					
闸孔净宽（mm）	闸底板高程（m）	闸墩顶高程（m）	闸前水位1（m）	闸后水位1（m）	流量1（m³/s）	闸前水位2（m）	闸后水位2（m）	流量2（m³/s）	闸室型式	地基承载力（kPa）

图 9-124 图纸中的"设计指标一览表"

图 9-125 设置字段格式

图 9-126　参数右侧有小矩形按钮

图 9-127　"关联全局参数"对话框

打开"001-水闸平面布置图",双击 1∶100 比例,进入编辑详图状态,用尺寸标注闸孔净宽,选中尺寸标注,会弹出"标签"栏,如图 9-128 所示。

在标签栏点击创建参数按钮,弹出"全局参数属性"对话框,说明创建的这个参数就是全局参数,如图 9-129 所示。

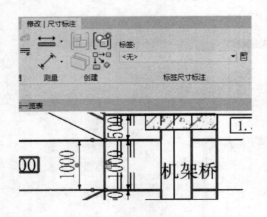

图 9-128　弹出"标签"栏

图 9-129　"全局参数属性"对话框

在这个全局参数属性对话框中,选中"报告参数"。名称输入"闸孔净宽",参数类型一定选择"长度",分组方式选"文字"。

在属性中,"在视图中显示标签"打对钩,如图 9-130 所示。

标注的尺寸如图 9-131 所示。

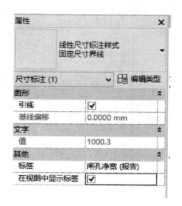

图 9-130　在视图中显示标签

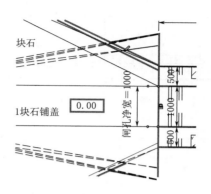

图 9-131　标注尺寸

打开三维视图，选中柱子，打开属性，点击"闸孔净宽（mm）"右侧的小按钮关联全局参数，弹出图 9-132 所示的"关联全局参数"对话框。

出现了"闸孔净宽（报告）"全局参数，选中后点击确定。这时，标注的尺寸读了过来，小按钮上加了"="号，如图 9-133 所示。

图 9-132　"关联全局参数"对话框

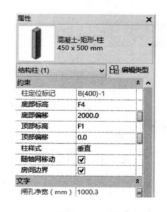

图 9-133　闸孔净宽右侧按钮发生变化

后边小数位多了3，再回到明细表，打开属性，选择"格式"，把"闸孔净宽（mm）"的小数位改成0，最后的结果如图 9-134、图 9-135 所示。

下面再把其他的几个参数关联上。

转到三维视图，选中柱子，在其属性中点击"闸底板高程（m）"右边的小按钮，弹出如图 9-136 所示的"关联全局参数"对话框。

从图 9-136 中可以看出，这个参数的参数类型是文字型，这时我们在做明细表时选定的，目前并没有全局参数可以关联，我们在这里新建一个全局参数。点击左下角的"⬜"新建全局参数按钮，弹出如图 9-137 所示的全局参数属性对话框。

<设计指标一览表>										
			过流能力							
			上、下游水位差5cm			上、下游水位差10cm				
A	B	C	D	E	F	G	H	I	J	K
闸孔净宽 (mm)	闸底板高程 (m)	闸墙顶高程 (m)	闸前水位1 (m)	闸后水位1 (m)	流量1 (m3/s)	闸前水位2 (m)	闸后水位2 (m)	流量2 (m3/s)	闸室型式	地基承载力 (kpa
1000										

图 9-134　调整后的数值格式

设计指标一览表										
			过流能力							
			上、下游水位差5cm			上、下游水位差10cm				
闸孔净宽 (mm)	闸底板高程 (m)	闸顶高程 (m)	闸前水位1 (m)	闸后水位1 (m)	流量1 (m³/s)	闸前水位2 (m)	闸后水位2 (m)	流量2 (m³/s)	闸室型式	地基承载力 (kPa)
1000										

图 9-135　设置后的"设计指标一览表"

图 9-136　"关联全局参数"对话框

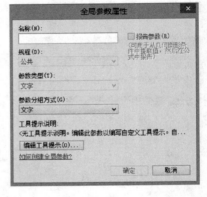

图 9-137　"全局参数属性"对话框

从图中可以看出，参数类型栏是"文字"，而且是灰色的，不能修改。说明柱子中是什么类型的参数必须就关联什么类型的全局参数，这一点特别重要。在名称栏输入"闸底板高程"，分组方式可以是"文字"，点击"确定"。回到"关联全局参数"对话框选中"闸底板高程"，点击"确定"。现在看一下柱子的属性，如图9-138所示。

小按钮上出现了"="，同时凡是关联过全局参数的都变成了灰色，说明不能在属性中再修改这个参数了，这个参数是从别的地方传过来的。

与上类似，关联、创建后面的几个参数，"流量1""流量2""闸室型式""地基承载力（kPa）"这四个参数不用关联，直接在属性中输入参数值。"闸前水位1"和"闸前水位2"是一样的，只建一个全局参数"闸前水位"，这两个参数关联同一个全局参数，如图9-139所示。

目前建立的全局参数可以选择"管理"选项卡，在"设置"面板点击"全局参数"查看，如图 9-140 所示。

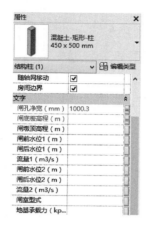

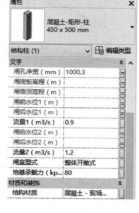

图 9-138　柱子的属性　　　图 9-139　关联闸前水位　　　图 9-140　"全局参数"对话框

刚才建立的全局参数都在这里了，我们可以在这个对话框中输入全局参数的值，但是不能这时输入，应当在图纸上标注这些高程时再输入，这样不会出错，与图纸标注能够保持一致。

（4）纵剖面图纸标注。这些高程和水位在立面图中更容易表现，所以我们先做一个纵剖面图。在项目浏览器中双击 F3 视图，点击快速访问工具栏中的"剖面"图标，如图 9-141 所示。

图 9-141　点击剖面按钮

在 F3 平面视图中画出剖面线，如图 9-142 所示。

按鼠标右键，弹出图 9-143 所示的菜单。

选择"转到视图"，如图 9-144 所示。

从图中可以看出，剖视图实际上也是"详图"，本章例子是"详图 6"，同样通过属性到"可见性/图形替换"的"注释类别"中把标高和轴网关掉，如图 9-145 所示。

最左边的柱子可以选中后按右键弹出菜单选择"在视图中隐藏图元"就看不到了。

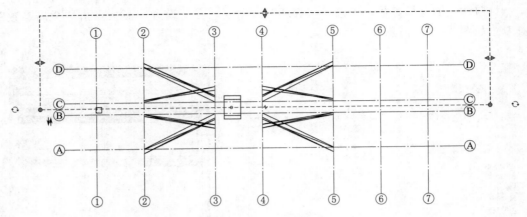

图 9 - 142　绘制剖面线

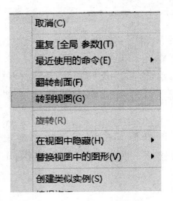

图 9 - 143　弹出快捷菜单

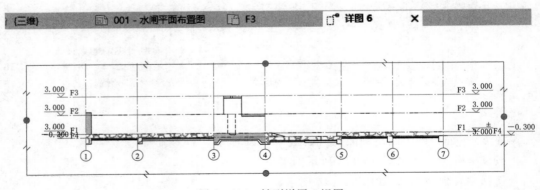

图 9 - 144　转到详图 6 视图

　　下面来标注闸底板的高程。高程的标注有两种方法：一个是用"系统族"，一个是用"可载入族"。"系统族"的标注是选择"注释"选项卡，在"尺寸标注"面板，点击"高程点"，如图 9 - 146 所示。

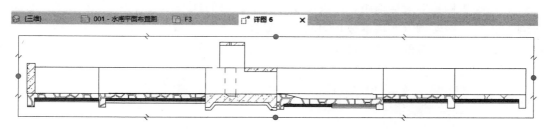

图 9 - 145　隐藏标高和轴网

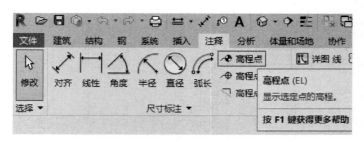

图 9 - 146　点击"高程点"按钮

"系统族"标注的高程点能自动显示所标注点的高程，但是"高程点"标注中不像
尺寸标注那样有"标签"，没有标签就不能添加参数，
不能添加参数就无法将标注的高程数值传递出去，所以
遇到需要传递高程数值的时候还不能用这个"系统族"
来标注。

可载入族是用常规注释样板建一个高程标注的族，
实例如图 9 - 147 所示。

做这个族时关键是要创建标签，在族编辑器的"创建"
选项卡中点击 按钮就可以创建标签，如图 9 - 148 所示。

图 9 - 147　创建"闸底板
高程标高"标注族

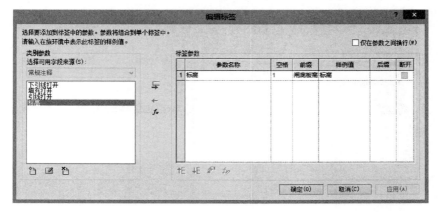

图 9 - 148　创建标签

125

在"编辑标签"对话框中，可以添加参数，添加的这个参数就是"族参数"，加载到项目以后，在实例（实例参数）的属性中就会看到。

下面标注闸底板的高程并打开这个族实例的属性，如图 9-149 所示。

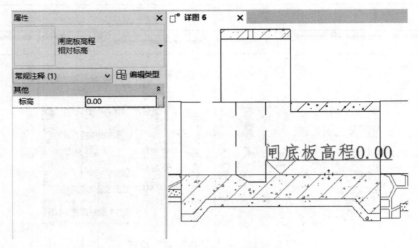

图 9-149　打开族类型属性

从图 9-149 中可以看出，其属性中的参数"标高"正是在创建这个族时在族编辑器中添加的参数，而且右侧还有一个小按钮用来关联全局参数，这是最有用的东西了。有了这个东西就可以把这个标高值传递到其他任何可与全局参数关联的地方。

点击这个小按钮关联全局参数，点击后如图 9-150 所示。

由于我们在建"标高"这个参数时选择的参数类型是"文字"型，所以图中列出了"文字"类型的几个全局参数。选择"闸底板高程"，点击"确定"，会发现小按钮上加了"="，参数变成了灰色，图中的高程标注变成了"?"。出现这种情况的原因是，标高值不能在这里添加，只能到全局参数中添加。选择"管理"选项卡，在"设置"面板选择全局参数，弹出如图 9-151 所示的管理"全局参数"对话框。

图 9-150　"关联全局参数"对话框

图 9-151　"全局参数"对话框

输入"0.00"，表格中也会出现数据"0.00"，如图9-152所示。

			设计指标一览表			
			过流能力			
			上、下游水位差5cm			上、下
闸孔净宽 （mm）	闸底板高 程（m）	闸墩顶高 程（m）	闸前水位1 （m）	闸后水位1 （m）	流量1 （m³/s）	闸前水位 2（m）
1000	0.00				0.9	

图9-152 表格中数据变化

水位数据的传递与闸底板高程一样，也是要做一个"常规注释族"，根据《水利水电工程制图标准基础制图》（SL 73.1—2013）规定，水位标注符号是水位线以下三条短线，可建立几个族：闸前水位.rfa、闸后水位1.rfa、闸后水位2.rfa，标注后如图9-153所示。

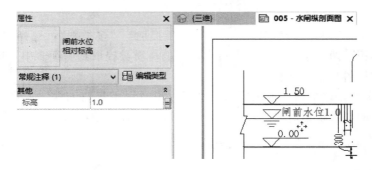

图9-153 添加闸前水位标注

注意看图中左侧属性中的参数。其他不用传递参数的高程可以用"注释"选项卡中的"高程点"标注。学到这里，可能大家会犯嘀咕了，这些注释太麻烦了，不仅建族，还要添加参数，还得关联参数，又麻烦又容易搞混了。大家想一想，这些族建好后就不用每次都重新建了，不仅可以重复利用，其参数也可根据实际的工程改变。任何一项新的技术都需要一个熟悉、熟练的过程，BIM的理念带来的不仅仅是绘图方式的改革，它将为后续的设计和设计修改、施工管理和运维管理带来极大的方便。

（5）主要工程量表。主要工程量表中列出的项目主要是整个工程中用量较大的工程量，如图9-154所示。这些工程量体现在我们所建每一个实例模型的"材质"和"体积"参数中，很显然，表中的工程量是各个实例模型体积的汇总。明细表有汇总的功能，但是需要设定过滤条件，很麻烦。为此，本章编制了"插件"用来统计这些工程量。"插件"是Revit提供的二次开发技术，由C♯语言编制而成，在Revit中称为API，下面介绍"统计主要工程量"插件的用法。

1）先完善工程量表的字段。在项目中参照"（2）建明细表"部分的步骤创建一个

主要工程量

C25混凝土 (m³)	C15混凝土 (m³)	浆砌石 (m³)	干砌石 (m³)	碎石垫层 (m³)	钢筋 (t)	防护栏杆 (m)	铸铁门 (kg)	启闭机 (kg)
13	0.8	69	10	27	0.75	9.8	500	200

图 9 - 154　主要工程量表

"主要工程量明细表",也是选择结构柱,添加图 9 - 155 表中的字段。在项目浏览器中双击选择"主要工程量表",如图 9 - 155 所示。

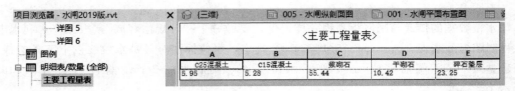

图 9 - 155　新建明细表并添加字段

再创建一个"材料数量统计表",按"材质提取""多类别",选择"材质:名称"和"材质:体积"两个字段。这样项目中所有的材质被提取到明细表中,这个表的名称一定要改为"材料数量统计表"。

2)修改字段。这个插件不仅适用于水闸,也适用于其他工程。主要工程量表的字段是可以修改的,可根据需要统计的工程量修改。打开属性,如图 9 - 156 所示。

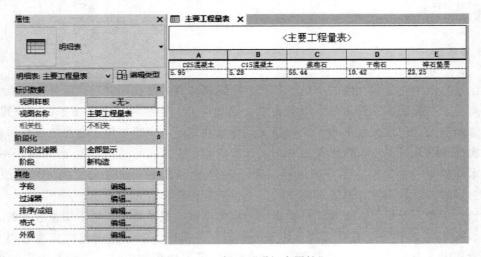

图 9 - 156　打开"明细表属性"

点击字段右侧的"编辑"按钮,弹出"明细表属性"对话框,如图 9 - 157 所示。

选中需要修改的字段,点击下边的笔形按钮,弹出如图 9 - 158 所示的"参数属性"对话框。

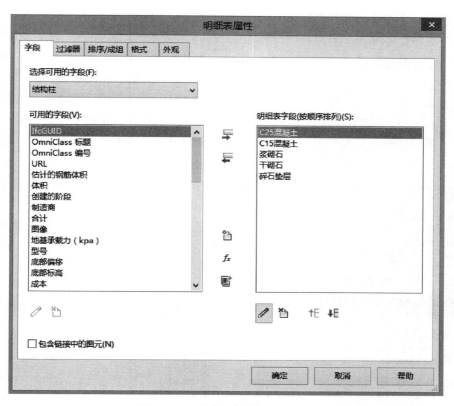

图 9-157 "明细表属性"对话框

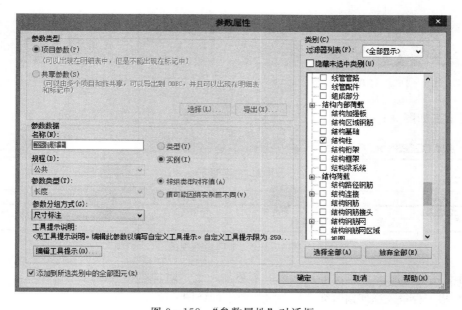

图 9-158 "参数属性"对话框

名称可以随便改，参数类型是"长度"，不能改，也改不了。参数分组方式也不要改，不要去掉右侧类别中结构柱的对钩。

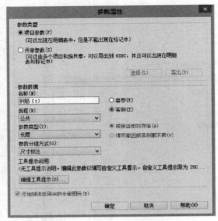

图 9-159 "参数属性"对话框

3）添加字段。不仅可以修改字段，也可以添加字段。进入图 9-157 所示的"明细表属性"对话框，点击中间的"⌨"新建参数按钮，弹出图 9-159 所示的"参数属性"对话框。

在名称栏输入"钢筋（t）"其他不变，一定注意参数类型是"长度"。点击确定，回到 9-157 所示的"明细表属性"对话框，点击"格式"选项卡，如图 9-160 所示。

选中参数"钢筋（t）"，点击"字段格式"按钮，弹出如图 9-161 所示"格式"对话框，按照图9-161 设置各项参数。

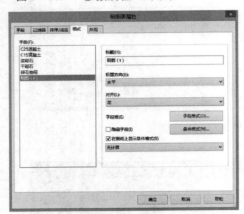

图 9-160 打开"格式"选项卡

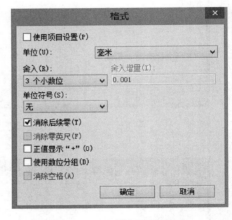

图 9-161 设置字段格式

明细表如图 9-162 所示。

〈主要工程量表〉					
A	B	C	D	E	F
C25混凝土	C15混凝土	浆砌石	干砌石	碎石垫层	钢筋（t）
5.95	5.28	55.44	10.42	23.25	

图 9-162 工程量表视图

明细表中增加了一列，可自己试一下添加一个"防护栏杆（m）"。

4）将工程量表添加到图纸。与在图纸中添加详图一样，在项目浏览器中找到"001 水闸平面布置图"，双击打开视图，再按右键弹出菜单，选择"添加视图"，如图 9-163 所示。

选择"添加视图"后弹出如图 9-164 所示的"视图"对话框。

图 9-163　添加视图

图 9-164　选择"明细表：主要工程量表"

选择"明细表：主要工程量表"，点击"在图纸中添加视图"，如图 9-165 所示。

设计指标一览表									
			过流能力						
			上、下游水位差5cm			上、下游水位差10cm			
闸孔净宽（mm）	闸底板高程（m）	闸墩顶高程（m）	闸前水位1（m）	闸后水位1（m）	流量1（m³/s）	闸前水位2（m）	闸后水位2（m）	流量2（m³/s）	闸室型式	地基承载力（kPa）
1000	0.00		1.0		0.9	1.0		1.2		30

主要工程量表						
C25混凝土	C15混凝土	浆砌石	干砌石	碎石垫层	钢筋（t）	防护栏杆（m）
0	0	0	0	0	0	

图 9-165　在图纸中添加视图

5）获得信息柱的 ID 号。进入三维视图，选中信息柱，选择"管理"选项卡，点击右上方的  选择项的 ID 按钮，弹出如图 9-166 所示的信息柱的 ID 号。

图 9-166　信息柱的 ID

按 Ctrl＋C 把这个 ID 号复制到剪贴板。

6）运行插件。选择"附加模块"选项卡，点击"统计主要工程量"按钮，如图 9-167 所示。

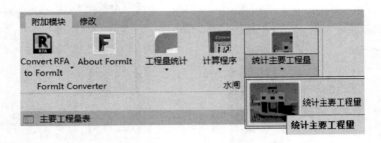

图 9-167　点击"统计主要工程量"按钮

点击"统计主要工程量"按钮后弹出图 9-168 所示的对话框。

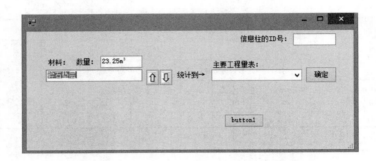

图 9-168　将材料统计到主要工程量表

先到"信息柱的 ID 号"栏中按 Ctrl＋V，或直接输入信息柱的 ID 号。点击"⇧⇩"上下箭头按钮可以查看和选择模型中所用到的材质和数量，右侧的下拉列表框显示"主要工程量表"中的字段。左侧材料栏中的材料数量可依次统计到右侧主要工程量表字段那一列。例如，在右侧选择"碎石垫层"，如图 9-169 所示。

图 9-169　将材料数量统计到主要工程量表

132

点击"确定"后，主要工程量表的变化如图 9 - 170 和图 9 - 171 所示。

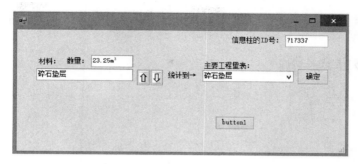

图 9 - 170　选择材料并点击"确定"按钮

主要工程量表						
C25混凝土	C15混凝土	浆砌石	干砌石	碎石垫层	钢筋（t）	防护栏杆（m）
0	0	0	0	23.25	0	

图 9 - 171　统计到主要工程量表中的材料数量

把主要工程量表需要的材料依次统计过来。不要试图把左侧的两种材料统计到右侧的一个字段，只能一个对一个，所以在做主要工程量表的字段时就要与模型中的材料对应好。插件可以通过本书提供的网站免费下载。

第十章
在项目中配筋

在"配筋"一章中已经提及，"族"编辑器中不能配筋，需要把"族"载入到"项目"中才能配筋。第五章只是完成了检修桥板"①号钢筋的配筋"，这一章把所有钢筋配完。

一、关于钢筋的知识

在配筋之前，先了解一些关于钢筋的知识。

1. 钢筋编号 HPB、HRB 的区别

HPB 是 Hot‑rolled Plain Steel Bar 的英文缩写，即热轧光圆型钢筋（圆钢），俗称盘条，是一级钢筋，最常见的直径是 6～12mm，其中包括 HPB235 和 HPB300，235 和 300 分别指其对应的屈服强度。[2011 年实施的《混凝土结构设计规范》（GB 50010—2011）把 HPB235 钢筋换成了 HPB300]。建筑上 HPB 常用于制作箍筋、板的分布筋、马镫、墙拉筋等，也用于剪力墙的水平筋和站筋（竖直钢筋），在使用过程中，大多都需要做弯钩处理。

HRB 是 Hot‑rolled Ribbed steel Bar 的英文缩写，即热轧带肋钢筋，后面的数字是钢筋屈服强度。所谓带肋钢筋指钢筋表面通过热轧工艺轧制出变形以增加与混凝土之间的咬合力，包括表面带肋钢筋、螺旋纹钢筋、人字纹钢筋、月牙纹钢筋等。HRB 钢筋有二级钢筋（HRB335）、三级钢筋（HRB400 以上）最为常见的直径为 12～25mm，用于梁、柱、剪力墙等。更大直径的钢筋用于工民建，常用于大体积混凝土，例如水工。三级钢筋强度更高，但价格也高，现已逐步推广。

2. Revit 中钢筋族的类型

选择"结构"选项卡，点击钢筋"钢筋"按钮，如果创建项目时选择的是"结构样板"会出现"钢筋形状"浏览器列表，列出各种钢筋形状。如果创建项目时选择的是"建筑样板"，一般是没有钢筋形状，这时需要载入"钢筋形状族"。这些族可在本书提供的网站下载，如图 10-1 所示，按 Ctrl＋A，选择所有的族文件，点击打开，会全部载入进来，共 53 个形状。

钢筋形状浏览器列表如图 10-2 所示。点击选项栏上的"[…]"按钮会关闭或启动钢筋形状浏览器。

比如选择钢筋形状：01，如图 10-2 所示，在左侧的属性栏可选择钢筋的族类型，有 I级钢筋 10HPB300、II级钢筋 10HRB335、III级钢筋 12HRB400 和 HRB500 等。前面的 10、12 指的是钢筋的直径。I级、II级、III级钢筋在图纸上分别由符号φ、⊉、⊈表示。

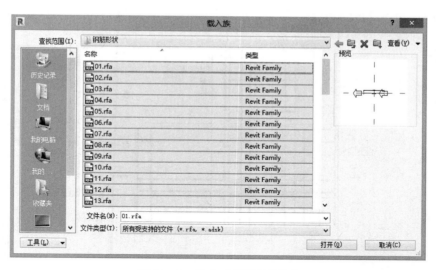

图 10-1　载入"钢筋形状族"

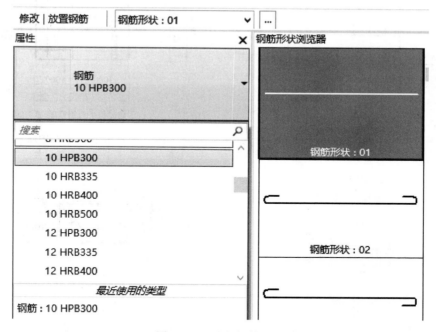

图 10-2　选择钢筋形状

二、启闭机平台配筋

在"开敞式节制闸钢筋图.pdf"文件中与启闭机平台配筋有关的几张配筋图见图 10-3~图 10-8 和表 10-1。

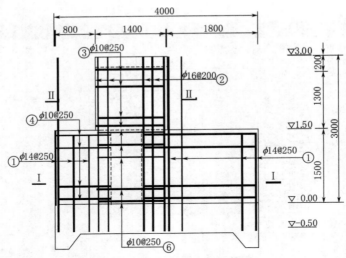

图 10-3　闸墩临水侧钢筋图

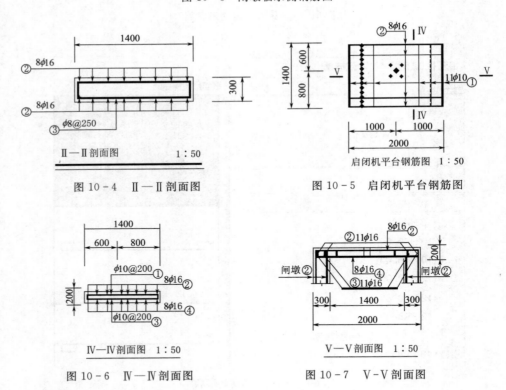

Ⅱ—Ⅱ剖面图　　　　1：50

图 10-4　Ⅱ—Ⅱ剖面图

启闭机平台钢筋图　1：50

图 10-5　启闭机平台钢筋图

Ⅳ—Ⅳ剖面图　1：50

图 10-6　Ⅳ—Ⅳ剖面图

Ⅴ—Ⅴ剖面图　1：50

图 10-7　Ⅴ-Ⅴ剖面图

说明：
1. 尺寸单位为mm，高程单位为m。
2. 混凝土强度等级C25，未考虑环境腐蚀性影响。
3. 闸墩、底板钢筋保护层厚度为50mm，其他结构为30mm。
4. 闸门及启闭机埋件详见"铸铁闸门螺杆启闭机典型设计图"。

图 10-8　保护层厚度要求

表 10 - 1 启 闭 机 平 台 配 筋 表

启闭机平台	①	φ10	140 [1340] 110	1620	11	17.82
	②	φ16	560 [1940] 560	3060	8	24.48
	③	φ10	⋆ 1340 ⋆	1465	11	16.12
	④	φ16	1940	1940	8	15.52

1. 设置混凝土保护层

单击选中启闭机平台模型，选择"结构"选项卡，在"钢筋"功能面板中点击"保护层"，如图 10 - 9 所示。

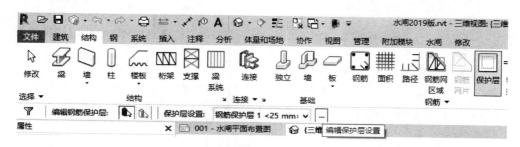

图 10 - 9   "编辑保护层设置"按钮

在"选项栏"点击"…"即编辑保护层设置，弹出图 10 - 10 所示。

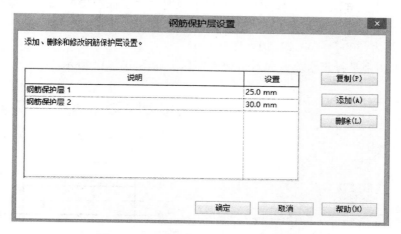

图 10 - 10   "钢筋保护层设置"对话框

添加"钢筋保护层 2"，设置为 30.0mm 厚，点击"确定"。此时，在选项栏添加了"钢筋保护层 2"选项，如图 10 - 11 所示。

在"启闭机工作桥"的属性中"钢筋保护层"设置为 30mm，如图 10 - 12 所示。

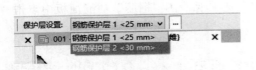

图 10-11　钢筋保护层列表框

图 10-12　属性中"钢筋保护层"的设置

2. 可将钢筋附着到主体

双击"启闭机工作桥"进入族编辑器，在"属性"窗口选择"族：常规模型"，在"可将钢筋附着到主体"处打对钩，如图 10-13 所示，然后选择"载入到项目"。

3. 配置①号钢筋

由图 10-6 Ⅳ—Ⅳ剖面图可以看出，①号钢筋平行于水流（长度 1400）方向，型式为"$\boxed{1340}$"，直径 10mm，是Ⅰ级钢筋，族类型可选 10HPB300；在垂直水流（长度 2000）方向上布置 11 根，图 10-4 Ⅱ—Ⅱ剖面图标注的间距是 200，这样就没有保护层了。先遵守图 10-8 保护层厚度要求说明中关于保护层的规定，即在 2000mm 的方向上两边各留出 30mm 的保护层。

这样间距为（2000-30×2）/10=194（mm）。

在 F3 视图中平行于水流方向对机架桥剖切，如图 10-14 所示。

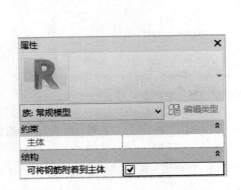

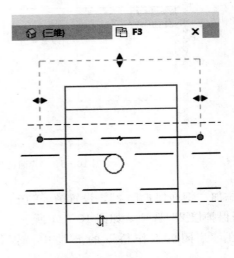

图 10-13　族属性中设置"可将钢筋附着到主体"

图 10-14　剖切机架桥

转到剖视图，如图 10-15 所示。

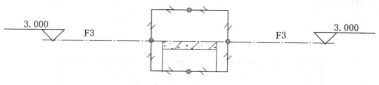

图 10-15　机架桥剖视图

取消"标高"的可见性，放大剖视窗口，如图 10-16 所示。

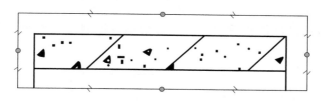

图 10-16　放大的机架桥剖视图

选中 21 号钢筋形状，向图 10-16 中放入钢筋，点击"编辑类型"，选择 10HPB300，"复制"，一个类型为"10 HPB300 2"，然后重命名为"启闭机桥钢筋1 号"，如图 10-17 所示。

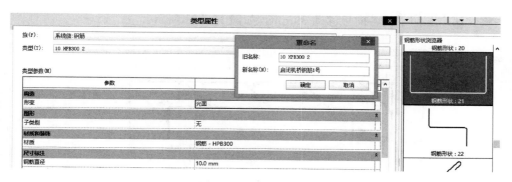

图 10-17　复制钢筋

按图 10-18 结合保护层厚度修改钢筋的 A、B、C 三个尺寸，如图 10-18 所示。

图 10-18　修改钢筋尺寸

下面再转到垂直水流方向去配置①号钢筋。

在 F3 视图中，垂直水流方向剖切到如图 10-19 所示的剖视图。

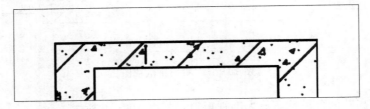

图 10-19　剖视图

刚才放置的钢筋已经能够看到，在左右两端各绘制一个参照平面，如图 10-20 所示。

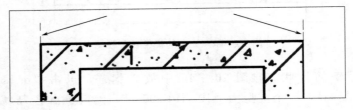

图 10-20　绘制参照平面

将这两个参照平面各向里移动 30mm，如图 10-21 所示。

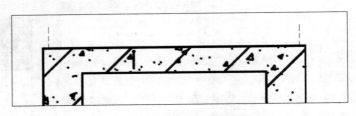

图 10-21　移动参照平面

选中这根钢筋在属性的"注释"中写上"①11φ10@200"。把钢筋移到与左侧参照平面对齐，选择"阵列"，项目数输入 11，选择"最后一个"，第一点在左侧参照平面上点击，第二点在右侧参照平面上点击，结果如图 10-22 所示。

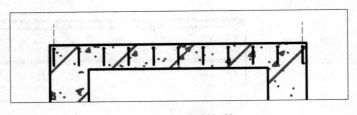

图 10-22　复制钢筋

特别注意：阵列完后选择每一根钢筋，点击功能面板上的 解组按钮，把每一根钢筋解组，否则会影响钢筋在图纸中的标注。

选中任何一根钢筋，点击"属性"，如图 10-23 所示，可以看到：钢筋的族名称是"启闭机桥钢筋 1 号"，体积是 $122.52 cm^3$，还有前面输入的 A、B、C 三个数据，这些参数都很重要。

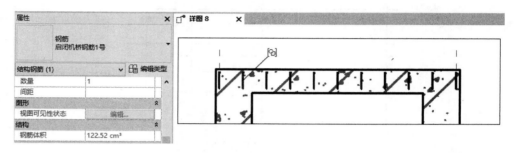

图 10-23 观察"钢筋体积"参数值

再选中启闭机工作桥，查看它的属性，如图 10-24 所示。

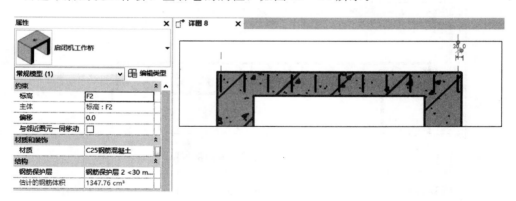

图 10-24 启闭机工作属性

属性中有"估计的钢筋体积"参数，这说明，为混凝土构件配筋之后，Revit 能算出构件中包含的钢筋体积，根据体积和钢铁的比重就能算出钢筋的重量。

通过选择"视图控制栏"中立方体按钮的"线框"，我们看一下①号钢筋配完后启闭机桥的三维视图，如图 10-25 所示。

从图 10-25 中可以看出，有一根钢筋穿过了启闭孔，这是不行的，需要把钢筋移开。先把配钢筋时画得垂直水流方向的剖面线移动到穿过启闭孔的位置，如图 10-26 所示。

图 10-25 启闭机桥的
三维视图

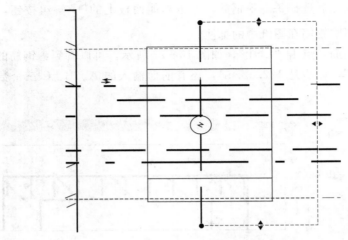

图 10 - 26   移动剖面线

此时的剖视图如图 10 - 27 所示。

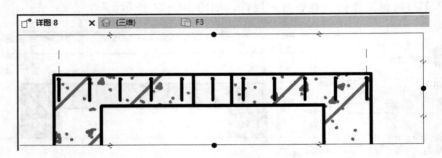

图 10 - 27   剖面线移动后的剖视图

这样，可移动钢筋避开启闭孔，如图 10 - 28 所示。由于是阵列生成的阵列组，可能移动不成，所以要解组，或者先删除孔中间的钢筋，左侧再复制一根。

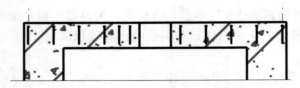

图 10 - 28   移动钢筋避开启闭机

① 号钢筋配完之后可以到 F3 视图把为配置钢筋做的剖面线删除。

4. 配置②号钢筋

从图 10 - 7 中看出，②号钢筋垂直于水流方向，8 根直径 16mm；从表 10 - 1 看出，②号钢筋与①号钢筋的形状相同，只是 ABC 长度不一样。在 F3 视图中垂直于水流方向剖切启闭机工作桥，如图 10-29 所示。

　　转到视图，关闭标高的可见性，隐藏不必要的图元，如图 10-30 所示。

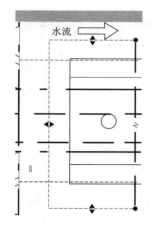

图 10-29　在垂直方向剖切启闭机工作桥

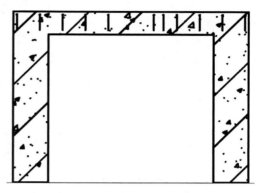

图 10-30　隐藏不必要的图元

　　选择"结构"选项卡，点击"钢筋"命令，选择 21 号钢筋形状，点击"编辑类型"，复制 16HPB300，重命名为"启闭机桥钢筋 2 号"族类型，如图 10-31 所示。

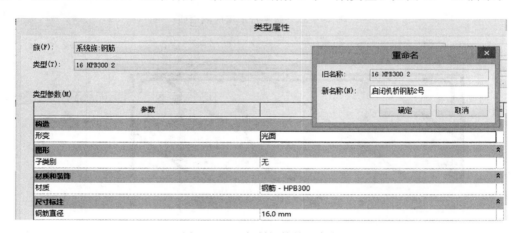

图 10-31　复制钢筋并重命名

　　在实例属性中将 A、B、C 三个尺寸按照图 10-32 修改。

　　转到 F3 视图，把刚才垂直水流方向的剖面线删除，做一个平行水流方向的剖面线，如图 10-33 所示。

　　转到视图，关闭标高的可见性，将鼠标指向实心圆点，提示信息为"启闭机桥钢筋 2 号"，如图 10-34 所示。

　　在混凝土主体的左右边缘分别做一个参照平面，并分别向内测移动 30mm，将实心圆点移到右侧与参照平面在一条直线上，如图 10-35 所示。

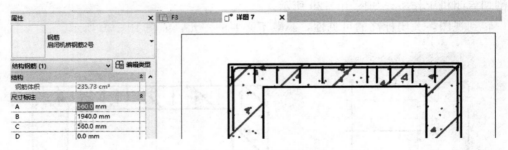

图 10-32　修改钢筋尺寸

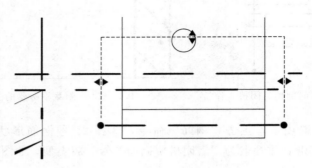

图 10-33　做平行水流的剖面线

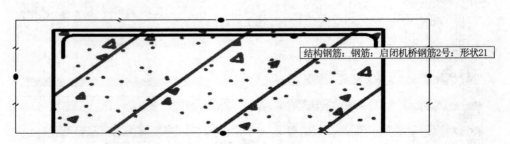

图 10-34　出现提示信息

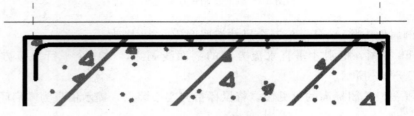

图 10-35　做两个参照平面

选中这根钢筋在属性的"注释"中写上"②8φ16"。将左侧的参照平面向右再移动16mm，选中实心圆点，点击阵列命令，项目数输入8，选择"最后一个"，按照图10-36点击鼠标，结果如图10-36所示。阵列完后别忘记"解组"。

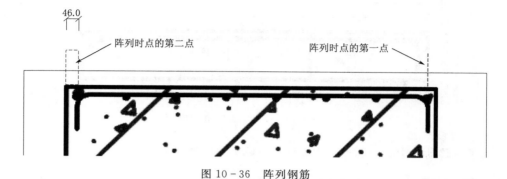

图10-36 阵列钢筋

看一下启闭机桥的三维图，好像有一根②号钢筋穿过了启闭孔，必须得挪开。如图10-37所示。

进入F3视图，把剖面线移动到穿过启闭孔，如图10-38所示。

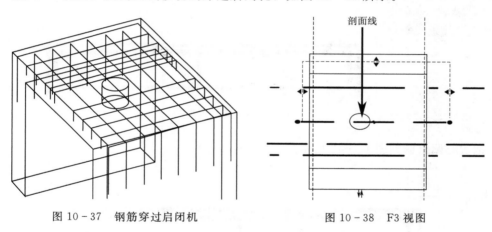

图10-37 钢筋穿过启闭机   图10-38 F3视图

此时剖面视图变为如图10-39所示。

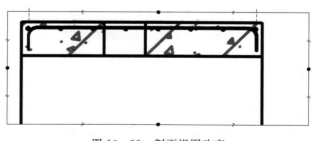

图10-39 剖面视图改变

下面挪一下孔中间实心圆点的位置，选中孔中间实心圆点时，实际上选中的是阵列组，8 个圆点都选中了，如图 10 - 40 所示。

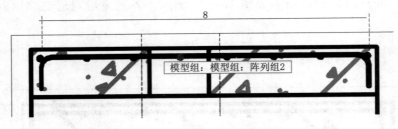

图 10 - 40　阵列组被一并选中

为了只移动孔中间的圆点，需要把这个阵列组解散，如图 10 - 41 所示。

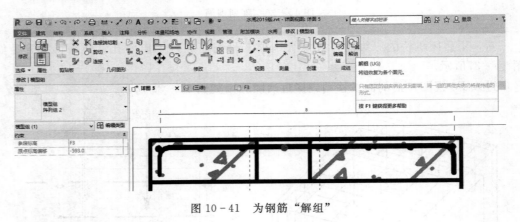

图 10 - 41　为钢筋"解组"

把实心圆点挪到图 10 - 42 所示的位置。

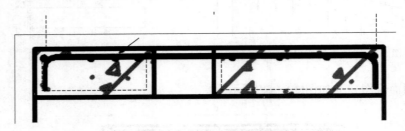

图 10 - 42　移动实心圆点

② 号钢筋配完了，可以到 F3 视图删除剖面线。

5. 配置③号钢筋

从图 10 - 7 和表 10 - 1 看出，③号钢筋平行于水流方向，11 根 φ10 的 I 级钢筋，两端带 180°的弯钩。还是在 F3 视图中做一个平行于水流方向的剖面，转到视图后选择"结构"选项卡，点击"钢筋"按钮，在出来的钢筋形状浏览器中选择 2 号形状，放置到剖面后，选中钢筋，点击"编辑类型"，复制 10HPB300，重命名为"启闭机桥钢筋

3号"。

下面来看一下钢筋弯钩的情况，钢筋的弯钩在结构设计和施工规范中都有规定。根据《混凝土结构工程施工质量验收规范》（GB 50204—2015）中有受力钢筋的弯钩和弯折应符合下列规定：HPB235级钢筋末端应做180°弯钩，其弯弧内直径不应小于钢筋直径的2.5倍，弯钩的弯后平直部分长度不应小于钢筋直径的3倍；当设计要求钢筋末端需作135°弯钩时，HRB335级、HRB400级钢筋的弯弧内直径不应小于钢筋直径的4倍，弯钩的弯后平直部分长度应符合设计要求；钢筋作不大于90°的弯折时，弯折处的弯弧内直径不应小于钢筋直径的5倍。

在 Revit 中钢筋的族类型均按规范要求制作了标准的弯钩，如图 10-43 所示。

钢筋弯钩长度				? ×
钢筋类型：		**钢筋直径：**		
启闭机桥钢筋3号		10.0 mm		

可以根据"钢筋弯钩延伸乘数"属性自动计算"钢筋弯钩长度"，也可以在此处手动替换"弯钩长度"。"偏移长度"为可选且仅用于明细表

钢筋弯钩类型	自动计算	弯钩长度	切线长度	偏移长度
☑ 钢筋弯钩 90	☑	80.0 mm	80.0 mm	
☑ 标准 - 90 度	☑	150.0 mm	150.0 mm	
☑ 标准 - 180 度	☑	78.5 mm	60.0 mm	60.0 mm
☑ 标准 - 135 度	☑	78.9 mm	80.0 mm	51.2 mm
☑ 镫筋/箍筋 - 135	☑	78.9 mm	80.0 mm	51.2 mm
☑ 镫筋/箍筋 - 90	☑	80.0 mm	80.0 mm	
☑ 镫筋/箍筋 - 180	☑	98.5 mm	80.0 mm	60.0 mm
☑ 抗震镫筋/箍筋 -	☑	128.9 mm	130.0 mm	86.6 mm

| 确定 | 取消 |

图 10-43　Revit 中的弯钩类型

这些标准的弯钩长度均随着钢筋直径、弯钩角度的不同自动变化，所以一般不需要修改弯钩的各项参数，如果设计有特殊的要求时，这些参数也可以编辑修改。

③ 号钢筋的弯钩角度是"标准-180°"，一个弯钩的长度是 78.5mm，所以一根③号钢筋的长度＝1340＋78.5×2＝1497（mm），如图 10-44 所示，与 Revit 算的一样。

转到 F3 视图，做一个垂直水流方向的剖面，转到剖面视图，选中这根钢筋在属性的"注释"中写上"③11ϕ10@200"。用阵列的方法阵列 11 根③号钢筋，如图 10-45 所示。阵列完后别忘记"解组"。

转到三维图，好像有一根③号钢筋又穿过了启闭孔，应当把它移开，如图 10-46 所示。

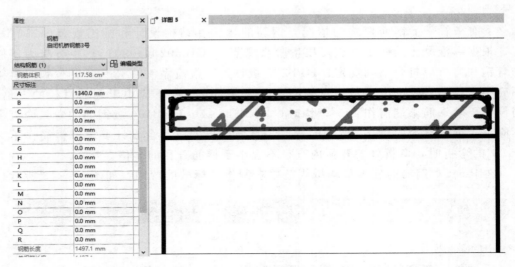

图 10 - 44 属性栏中显示③号钢筋的长度

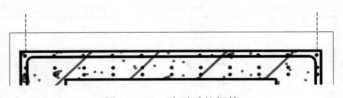

图 10 - 45 阵列后的钢筋

在 F3 视图移动一下剖面线，使其穿过启闭孔，图 10 - 45 的剖视图变为图 10 - 47 所示。

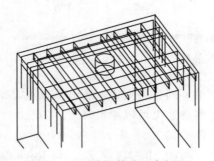

图 10 - 46 将钢筋移开启闭机

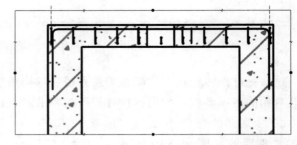

图 10 - 47 移动剖面线后的视图

选中启闭孔中间的③号钢筋并双击，点击"解组"，如图 10 - 48 所示，把这根从阵列组中分解出的③号钢筋移到图 10 - 49 所示的位置。

6. 配置④号钢筋

④号钢筋垂直于水流方向，在 F3 视图中先把为配置③号钢筋做的剖面线删除，再垂直于水流方向做一个剖面线，并转到剖视图。先做一个与启闭台下边缘对齐的参照平

148

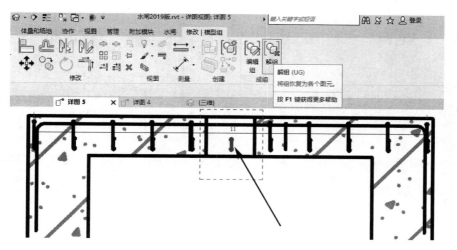

图 10-48　为钢筋解组

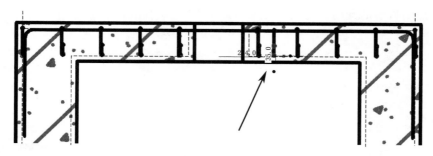

图 10-49　移动③号钢筋

面，再将这个参照平面上移 30mm。选择"结构"，点击"钢筋"命令，选择形状 1，放置钢筋与参照平面对齐，如图 10-50 所示。

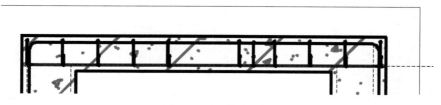

图 10-50　放置钢筋

④ 号钢筋是 8 根 φ16 的，也是Ⅰ级钢筋，所以选 16HPB300 复制钢筋族类型，并该名称为"启闭机桥钢筋 4 号"，如图 10-51 所示。

注意查看"启闭机桥钢筋 4 号"的属性，如图 10-52 所示，钢筋的长度就是尺寸 A 的长度，没有算弯钩的长度，因为这个钢筋的形状没有弯钩。

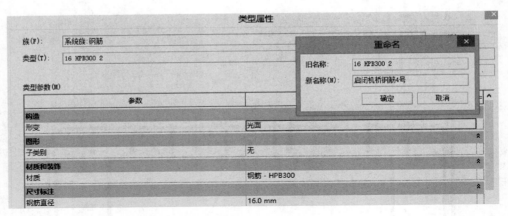

图 10 - 51　复制并重命名钢筋

放置钢筋后，选中这根钢筋，在属性的"注释"中写上"④8φ16"。参照与③号钢筋类似的步骤在平行于水流方向阵列 8 根④号钢筋。阵列完后别忘记"解组"。

至此启闭机桥的配筋已完成，三维图如图 10 - 53 所示。

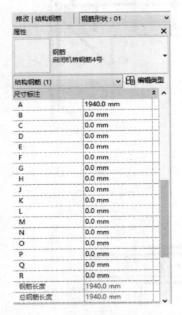

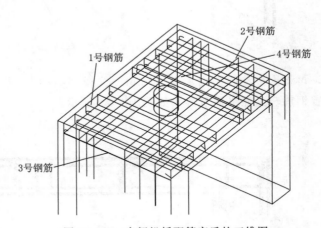

图 10 - 52　启闭机桥钢筋 4 号属性　　　　图 10 - 53　启闭机桥配筋完后的三维图

下面总结一下启闭机桥配筋的步骤。

（1）在相应的标高平面视图上画剖面线（通过看图纸明确钢筋的配置方向，从而确定剖面线的位置和方向）。

（2）转到剖面视图，设置钢筋的保护层（一般图纸说明中有，如果没有就按规范自己定）。

（3）选择钢筋的形状（通过看图纸上的钢筋表）。

（4）在剖面视图中放置一根钢筋。

（5）编辑钢筋的类型（通过看图纸中钢筋的直径符号确定钢筋的级别，选中相应的已有类型复制、重命名），在属性的"注释"中写上钢筋的描述：钢筋编号、钢筋根数、钢筋级别、钢筋直径、钢筋间距。

（6）在另一方向上阵列钢筋组，阵列完后解组。

（7）转到三维视图看一看配筋的效果。

其实，配筋并不难，关键是要耐心、细心，不要试图让计算机自动化配筋，因为水利工程中很少有标准化的构件。

三、闸墩配筋

与闸墩有关的图纸见图 10-54、图 10-55 和表 10-2。

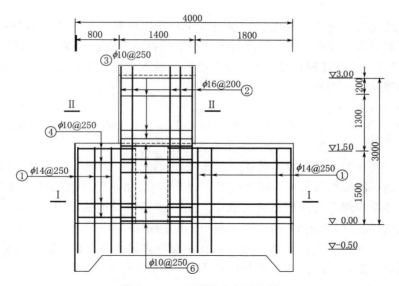

图 10-54　闸墩临水侧钢筋图

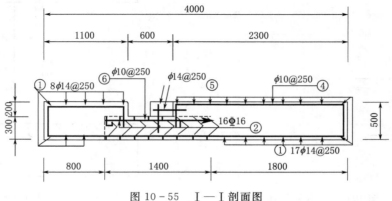

图 10-55　Ⅰ—Ⅰ 剖面图

表 10-2 闸墩钢筋表

部 位	编 号	规 格	钢筋型式	单根长/mm	根 数	总长/m
闸墩	①	Φ14	1940	1940	50	97.00
	②	Φ16	3510	3510	32	112.32
	③	φ10	200 · 1300	3125	12	37.50
	④	φ10	100 · 1000 · 390 · 2200 · 3900	8805	14	123.27
	⑤	Φ14	400	400	28	11.20
	⑥	φ10	1300	1425	12	17.10

1. 设置闸墩的钢筋保护层

先删除左侧的闸墩，保留右侧的闸墩，把右侧的闸墩配好筋后再镜像复制左侧的闸墩。

根据图纸说明，闸墩的钢筋保护层是 50mm。如果闸墩属性中没有保护层的设置项，可双击闸墩到族编辑器中，修改闸墩族类型的材质为钢筋混凝土，选择"族：常规模型"，一定要在"可将钢筋附着到主体"打钩。载入到项目中后选择"结构"，点击保护层，可添加 50mm 保护层。

2. 配置①号钢筋

从图 10-54 和 10-55 看出①号钢筋都是竖筋，分布在闸门槽的两侧，左侧 8 根，右侧 17 根，共 25 根，这在图 10-55 中看得很清楚。

转到南立面视图，在闸墩上做竖向剖面线，如图 10-56 所示。注意剖面线的左右位置，不要剖到闸底板的齿墙，因为从图 10-54 中看出，①号钢筋从闸墩伸向了闸底板的底缘，并没有伸入到闸底板的齿墙中。①号钢筋的长度是闸墩的高度（1500mm）加上闸底板的厚度（500mm）减去上下各 50mm 的钢筋保护层是 1900mm。表 10-2 中的长度 1940mm 是错误的，是按 30mm 的保护层计算的，不符合图纸中的说明。

转到剖面视图，关闭标高、轴网的可见性，如图 10-57 所示。

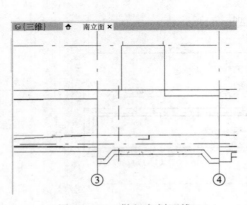

图 10-56　做竖向剖面线

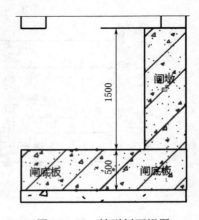

图 10-57　转到剖面视图

选择"结构",点击"钢筋"命令,选中钢筋形状 1,将钢筋放置到剖面,如图 10-58 所示。

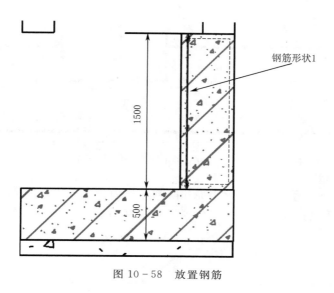

图 10-58　放置钢筋

点击属性上面的"编辑类型",从表 10-2 我们看到,①号钢筋的规格是 Φ14,说明①号钢筋是Ⅲ级钢筋,我们选择 14HRB400 类型复制并重命名为"闸墩钢筋 1 号"。

从图 10-54 中可以看出,①号钢筋是伸入到闸底板中的,刚才放置的钢筋还需要延长。做一个参照平面,距离闸底板底缘 50mm,然后选中钢筋,拉动钢筋的下端与参照平面对齐,可以观察着左侧的属性中尺寸 A 的变化,直到 A 等于 1900mm,如图 10-59 所示。

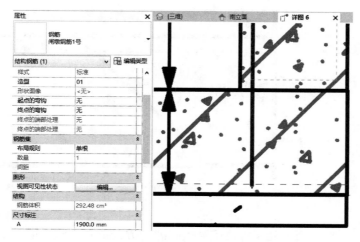

图 10-59　拉动钢筋下端使左侧"A=1900.00mm"

转到南立面视图,先把刚才竖向的剖面删除,再画一个水平向的剖面,转到剖面视图，关闭标高和轴网的可见性，如图 10 - 60 所示。选中这根钢筋，在其属性的"注释"
中输入"①8 ⏀ 14@250"。

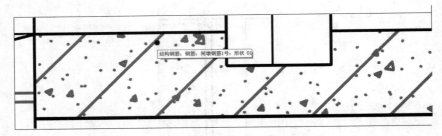

图 10 - 60　绘制水平方向的剖面线并转到剖面视图

　　参照图 10 - 55，通过绘制参照平面先阵列左边内侧的 5 根，如图 10 - 61 所示，注
意右侧参照平面距离边缘是 64mm，包括了钢筋的直径。阵列完成后别忘记解组，如
图 10 - 61所示。

图 10 - 61　阵列左边内侧钢筋

再通过复制的方法复制外侧的 3 根，如图 10 - 62 所示。

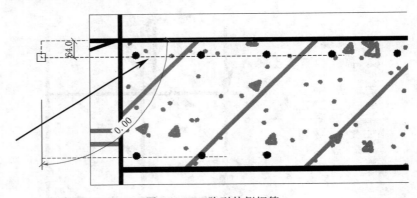

图 10 - 62　阵列外侧钢筋

　　再通过绘制参照平面，复制 1 根后再用阵列的方式放置右边内侧的 10 根钢筋，如
图 10 - 63 所示。阵列后要解组。
　　通过复制的方式放置右边外侧的 7 根钢筋，如图 10 - 64 所示。

图 10 - 63 复制并阵列右边内侧钢筋

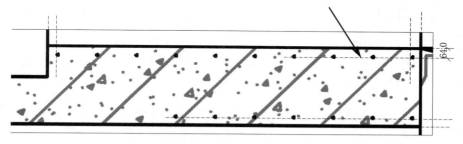

图 10 - 64 放置右边外侧钢筋

3. 配置②号钢筋

转到南立面，按照图 10 - 65 所示的位置和方向以及视图框的大小绘制剖面线。

一定要注意剖视框右侧的视图范围，如果超过启闭机桥就会看到闸墩的①号钢筋，会影响②号钢筋的放置。

转到剖视图，关闭标高和轴网的可见性，删除以前做的参照平面，隐藏不能删除的剖面线（通过按右键，在右键菜单选择隐藏图元的方式），调整视图框，如图 10 - 66 所示。

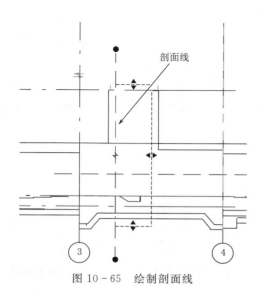

图 10 - 65 绘制剖面线

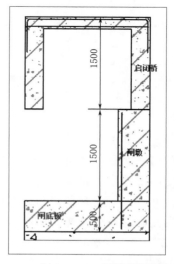

图 10 - 66 调整视图框

选择"结构"，点击"钢筋"命令，选择钢筋形状 1，在剖面中闸墩的界面范围内放置钢筋（注意一定是在闸墩的界面框内，这才能算作是闸墩的钢筋，无论后面怎样延长钢筋，钢筋的体积都算在闸墩的"估计的钢筋体积"内），如图 10-67 所示。

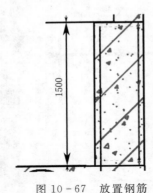

图 10-67　放置钢筋

从图 10-55 看出，②号钢筋是Ⅲ级钢筋，点击"编辑类型"，选择 16HRB400 复制并重命名为"闸墩钢筋 2 号"。

通过绘制参照平面，延长②号钢筋的两端，使钢筋的长度达到 3420mm（3500mm－50mm 保护层－30mm 保护层），如图 10-68 所示。表 10-2 中长度 3510mm 是错误的。选中这根钢筋，在其属性的"注释"中写入"②16 Φ 16"。

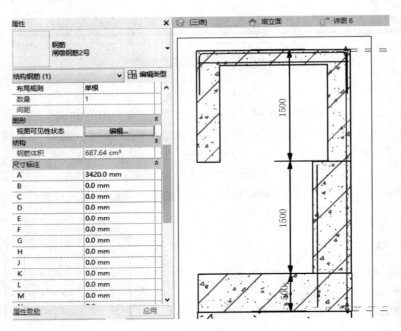

图 10-68　延长钢筋到一定长度

转到南立面图，移动水平剖面线到图 10-69 所示的位置。

转到剖视图，通过做参照平面，采用阵列的方式作出外侧的 8 根②号钢筋，如图 10-70 所示。注意启闭机桥的钢筋保护层是 30mm。阵列后别忘了解组。

再用复制的办法把这 8 根复制到内侧，如图 10-71 所示。

4．配置③号钢筋

③号钢筋是箍筋，是为了箍住闸墩②号钢筋延伸到启闭机桥的部分，它并没有附着

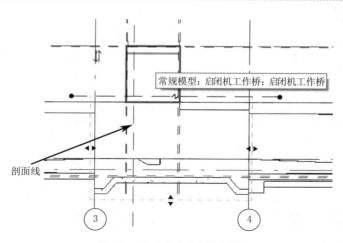

图 10 - 69　移动水平剖面线

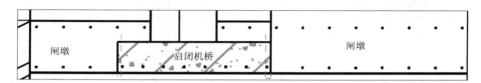

图 10 - 70　阵列外侧钢筋

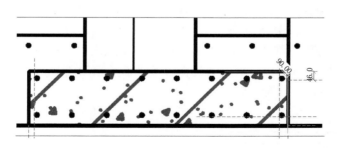

图 10 - 71　将阵列组复制到内侧

在闸墩主体上，而是附着在了启闭机桥这个主体上了，所以配置③号钢筋需要剖开启闭机桥的桥墩。

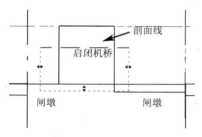

图 10 - 72　绘制剖面线

转到南立面，删除以前做的剖面和参照平面，绘制如图 10 - 72 所示的剖面线。

转到剖面视图，关闭轴网的可见性，如图 10 - 73 所示。

闸墩的③号钢筋形状在表 10 - 2 中可以看出来，选择"结构"选项卡，点击"钢筋"命令，选择钢筋形状 33，放置到剖面后如图 10 - 74 所示。

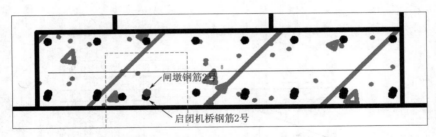

图 10 - 73　转到剖面视图并设置轴网可见性

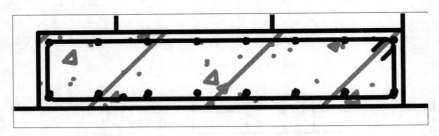

图 10 - 74　放置钢筋

点击"编辑类型"，③号钢筋为Ⅰ级钢筋，选择 10HPB300 类型复制并重命名为"闸墩钢筋 3 号"。

转到南立面，把刚才的剖面删除，再做一个如图 10 - 75 的剖面。

图 10 - 54 中显示③号钢筋是 $\phi10@250$，表 10 - 2 中显示是 6 根，$250\text{mm} \times 5 = 1250\text{mm}$，说明③号钢筋都在启闭桥墩的 1300mm 范围之内。选中这根钢筋，在其属性的"注释"中写入"③$\phi10@250$"。通过做参照平面并采用阵列的方法配置闸墩的③号钢筋如图 10 - 76 所示。别忘了解组。

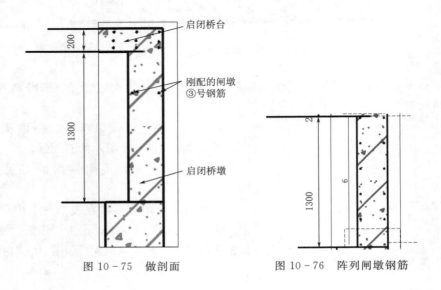

图 10 - 75　做剖面　　　　　图 10 - 76　阵列闸墩钢筋

158

这样，闸墩的③号钢筋就配完了。有一个问题需要引起注意，闸墩的③号钢筋是在启闭机桥的截面上配置的，所以闸墩③号钢筋的体积累加进了启闭机桥的"估计的钢筋体积"中了，但是如果分开统计钢筋量时这个体积应该减出来加到闸墩中。

5. 配置④号钢筋

从图10-55可以看出，闸墩的④号钢筋也是箍筋，围绕着闸墩一圈。转到南立面，把刚才的剖面线删除，做一个水平的闸墩的剖面，如图10-77所示。

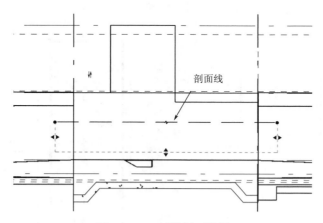

图10-77 闸墩剖面视图

转到剖视图，关闭标高和轴网的可见性，如图10-78所示。

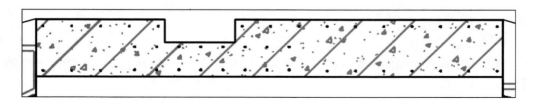

图10-78 转到剖面视图并设置轴网可见性

根据表10-2中显示的④号钢筋的形状，选择类似的钢筋形状43，放置到剖面视图后双击钢筋，对形状端点进行拖拽，直到符合闸墩截面，再按照表10-2的尺寸修改属性中A～G的尺寸，结果如图10-79所示，此时在钢筋形状浏览器中自动增加了钢筋形状。

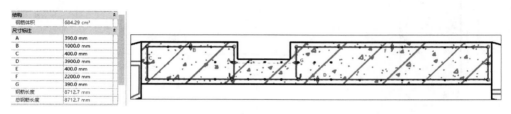

图10-79 放置并调整钢筋尺寸

点击"编辑类型",选择10HPB300类型复制并重命名为"闸墩钢筋4号"。

转到南立面,删除刚才的剖面线,按照图10-80重新画一个竖向的剖面线。剖面线的位置、视图框范围决定了转到剖视图后截面是否干净,最好看不到其他钢筋。

转到剖视图,关闭标高和轴网的可见性,如图10-81所示。选中这根钢筋,在其属性的"注释"中写入"④φ10@250"。由表10-2可知,闸墩的④号钢筋共7根,全在闸墩的竖向1500mm范围内,通过绘制参照平面,采用阵列的方式配置钢筋,结果如图10-82所示。别忘记每一根钢筋都要解组。

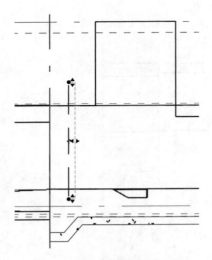

图 10-80 绘制竖向剖面线

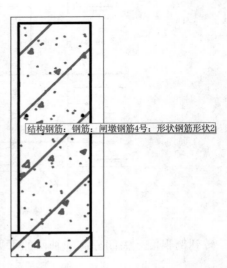

图 10-81 转到剖面

6. 配置⑤号钢筋

转到南立面图,删除刚才竖向的剖面线,再按照图10-83所示绘制一个水平向的剖面线。

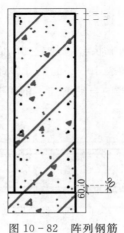

图 10-82 阵列钢筋

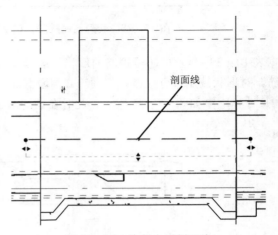

图 10-83 绘制水平剖面线

转到剖视图，关闭标高和轴网的可见性，如图 10 - 84 所示。⑤号钢筋共 400mm 长，其中顺水向 150mm 长在闸墩内，250mm 长伸入到门槽二期混凝土；垂直水流方向 250mm 长在闸墩内，150mm 长深入到门槽二期混凝土。先在剖视图中用"注释"中的"详图线"画一个 300mm×200mm 的矩形，如图 10 - 84 所示。

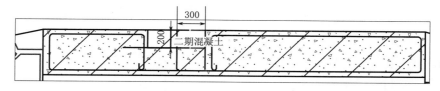

图 10 - 84　用详图线绘

通过绘制参照平面来控制尺寸，在闸墩截面上放置钢筋形状 1，然后双击放置的钢筋，对其长短进行拖拽，达到图 10 - 85 所示的结果。

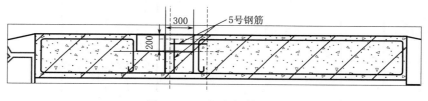

图 10 - 85　调整钢筋尺寸

从表 10 - 2 可知，⑤号钢筋是直径Φ14 的Ⅲ级钢，所以选择类型 14HRB400 复制并重命名为"闸墩钢筋 5 号"。

转到南立面，按照图 10 - 86 所示的位置和剖视图范围框绘制剖面线。

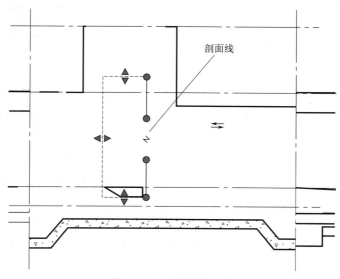

图 10 - 86　绘制剖面线

161

转到剖视图，通过移动南立面中的剖面线位置和剖面视图范围框，使得剖视图清楚地看到两根 5 号钢筋（一根是线，一根是圆点），如图 10-87 所示。

分别选中这两根钢筋，在其属性的"注释"中都写上"⑤Φ14@250"。从表 10-2 可知，⑤号钢筋共 14 根，在闸墩 1500mm 竖向范围内平行和垂直向各 7 根，通过绘制参照平面，用阵列的方法放置这些钢筋，结果如图 10-88 所示，别忘了解组。

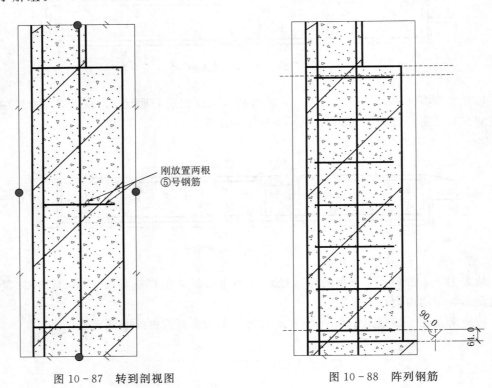

刚放置两根
⑤号钢筋

图 10-87　转到剖视图　　　　　　　　　图 10-88　阵列钢筋

7. 配置⑥号钢筋

⑥号钢筋与③号钢筋一样是为了箍住②号钢筋配置的，只是⑥号钢筋只箍②号钢筋闸墩内侧这一排，而且其范围是在闸墩竖向 1500mm 内，长度范围与启闭机桥墩宽 1400mm 重合。

⑥号钢筋的配置顺序是先在闸墩水平截面放置，然后调整剖视图位置以便同时看到启闭机桥墩的轮廓，再双击钢筋拖拽端点使钢筋长度在启闭机桥墩的轮廓范围内 1300mm。下面是配置步骤。

转到南立面，按照图 10-89 的剖面线位置绘制剖面线。

转到剖视图，选择钢筋形状 2，放置到闸墩的水平截面，点击"编辑类型"，选择 10HPB300，复制重命名为"闸墩钢筋 6 号"。

转到南立面，按照图 10-90 移动剖面线的位置。

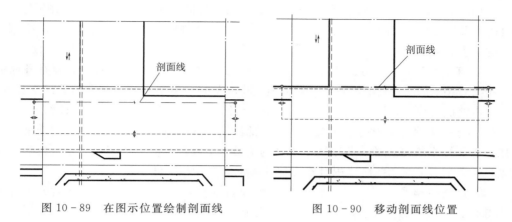

| 图 10-89 在图示位置绘制剖面线 | 图 10-90 移动剖面线位置 |

转到剖视图，双击刚才放置的钢筋，拖拽两端端点，使钢筋达到如图 10-91 的效果，长度为 1300mm。

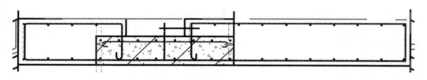

图 10-91 调整钢筋长度

转到南立面，按照图 10-92 的位置和视图框范围绘制剖面线。

转到剖视图，关闭标高和轴网的可见性，隐藏不需要看到的图元，如图 10-93 所示。选择这根钢筋，在其属性的"注释"中写入"⑥ϕ10@250"，通过绘制参照平面，用阵列的方法配置出 6 根钢筋，如图 10-94 所示。

图 10-92 绘制剖面线

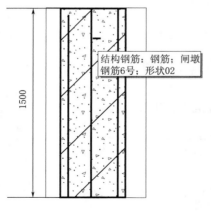

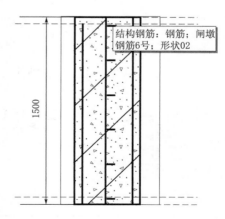

| 图 10-93 转到剖面视图并设置图元可见性 | 图 10-94 阵列钢筋 |

右侧闸墩的钢筋配完，转到 F2 视图，从左向右拉出窗口选择右侧的闸墩，采用镜像的方法复制完成左侧的闸墩配筋。分别选中两个闸墩，看一下属性中"估计的钢筋体积"是否一样。

总结一下为闸墩三维模型配筋的步骤：

（1）有一些钢筋一部分浇筑在闸墩中，一部分露在外面，如⑤号钢筋，露在外面的部分是为安装闸门时预留的浇筑到二期混凝土中。像这种钢筋要先在闸墩的截面中放置，然后双击拖拽其端点，拉伸到外边，Revit 统计钢筋体积时仍会把这种钢筋统计到闸墩中。

（2）有一些钢筋属于闸墩的编号，但全部浇筑到其他主体中了，如③号钢筋是为了箍住闸墩②号钢筋配置的，所以属于闸墩的编号，但在配置时只能利用启闭机桥的截面放置，所以 Revit 统计钢筋体积时不会把这种钢筋的体积统计到闸墩中。

（3）钢筋的形状五花八门，主要与混凝土构件的形状有关系，所以要配置好这种钢筋就得有五花八门的"钢筋形状族"。一个是借用现有类似的钢筋形状族，一个是自己创建钢筋形状族。所谓类似的钢筋形状，主要是 ABCDEF⋯等分段一致，可以在项目中通过双击拖拽进行编辑。

（4）获取配置钢筋的截面时，剖面线的位置、视图框范围很关键，可反复试验观察，直到最方便配筋，否则随着钢筋越来越多容易搞错。

四、闸底板配筋

与闸底板配筋有关的图纸详见图 10-95、图 10-96 和表 10-3。

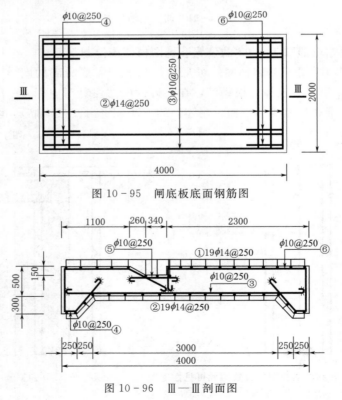

图 10-95　闸底板底面钢筋图

图 10-96　Ⅲ—Ⅲ剖面图

表 10 - 3   闸 底 板 配 筋 表

部　位	编　号	规　格	钢　筋　型　式	单根长/mm	根数	总长/m
闸底板	①	Φ 14	1900	1900	19	36.10
	②	Φ 14	500　1900　500	2900	19	55.10
	③	φ 10	3720	3845	9	34.61
	④	φ 10	700　1000　660　150　750	3385	9	30.47
	⑤	φ 10	940	1065	9	9.59
	⑥	φ 10	400　2200　750　150　700	4325	9	38.93

1. 闸底板钢筋保护层设置

还是先设置闸底板的保护层，根据图纸中的说明，闸底板的钢筋保护层为 50mm。

2. 配置①号钢筋

从图 10 - 96 可知，①号钢筋一共 19 根，在闸底板的上层垂直水流方向，所以转到南立面视图，绘制如图 10 - 97 所示的剖面线。

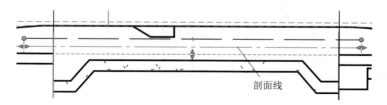

剖面线

图 10 - 97　绘制剖面线

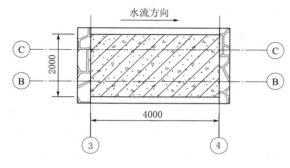

图 10 - 98　转到剖面视图

转到剖视图，不要关闭标高和轴网的可见性，这样可以判断水流的方向，从而确定钢筋的布置方向，如图 10 - 98 所示。

选择"结构"选项卡，点击"钢筋"命令，从表 10 - 3 可知钢筋选择形状 1，①号钢筋是 Φ14，所以选择三级钢 14PRB400 类型，复制重命名为"闸底板钢筋 1 号"，如图 10 - 99 所示。

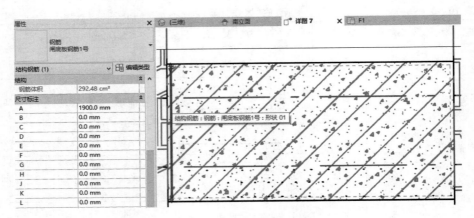

图 10-99　复制钢筋并命名

　　选中这根钢筋，在其属性的"注释"中写入"①19 ϕ 14@250"，通过绘制参照平面，采用阵列的方法配置 19 根①号钢筋，如图 10-100 所示。别忘把每根钢筋解组。

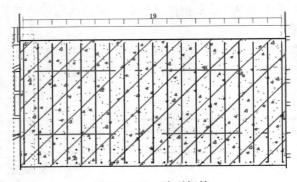

图 10-100　阵列钢筋

　　转到 F1 平面，绘制如图 10-101 所示的剖面线。

　　转到剖视图，可以看到①号钢筋是一排小黑圆点。

　　从图 10-96 可知，①号钢筋并不是直线的一排，需要沿着闸底板的上边缘进行调整。按照图 10-96 通过绘制参照平面，并采用阵列、复制、移动等方法达到图 10-103 所示的效果。

　　3. 配置②号钢筋

　　②号钢筋跟①号钢筋一样，也是 19 根 ϕ 14 的Ⅲ级钢筋，只是分布在闸底板的底层，所以先用复制的办法复制一根，然后选中这根钢筋，点击"编辑类型"，重命名为"闸底板钢筋 2 号"，在其属性的"注释"中写入"②19 ϕ 14@250"。然后通过绘制参照平面，并采用复制、镜像、阵列等方法配置好②号钢筋，如图 10-104 所示。不要忘记把阵列的钢筋解组。

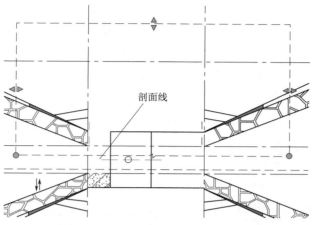

图 10 - 101 绘制剖面线

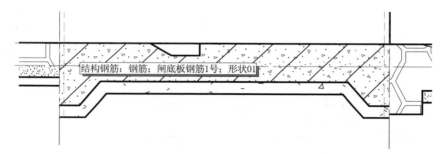

图 10 - 102 转到剖面视图

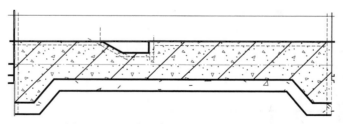

图 10 - 103 在闸底板位置放置①号钢筋

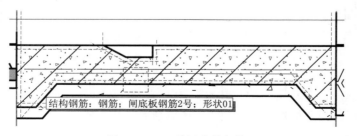

图 10 - 104 放置②号钢筋

4. 配置③号钢筋

③号钢筋平行于水流方向，所以仍然采用上面的剖面，选择钢筋形状 02，直接放置到截面。然后选中这根钢筋，点击"编辑类型"，选择 10HPB300，复制并重命名为"闸底板钢筋 3 号"。从表 10-3 知道，③号钢筋的 A 尺寸是 3720mm，所以还要绘制参照平面，选中钢筋拖拽两端，直到 A 尺寸为 3720mm，如图 10-105 所示。

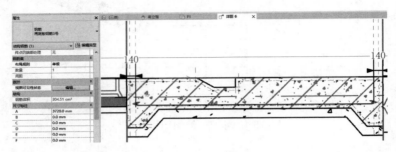

图 10-105　调整钢筋尺寸

转到南立面，按照图 10-106 绘制剖面线位置和视图框范围。

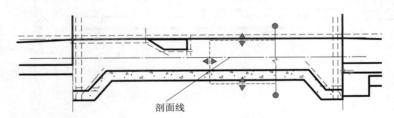

图 10-106　绘制剖面线并调整视图框范围

转到剖视图，关闭标高和轴网的可见性，删除原来绘制的参照平面，找到代表③号钢筋的小圆点，如图 10-107 所示。

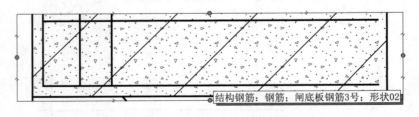

图 10-107　剖视图中③号钢筋显示为小圆点

选中这根钢筋，在其属性的"注释"中写入"③φ10@250"，通过绘制参照平面，并用阵列的方法阵列 9 根钢筋，如图 10-108 所示。别忘解组。

5. 配置④号钢筋

还是利用图 10-105 的剖面，选择"结构"选项卡，点击"钢筋"命令，从

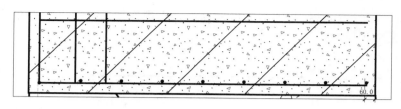

图 10-108　阵列钢筋

图 10-96和表 10-3 中可以看到④号钢筋共有 5 个直线段和两个弯钩组成，按逆时针可看作是 ABCDE 段直线，在钢筋形状浏览器中选择有 5 个直线段和两个弯钩的形状 31 形状模板，放置到截面，点击"编辑类型"，选择 10HPB300 复制重命名为"闸底板钢筋 4 号"。然后双击钢筋，通过拖拽各个端点与④号钢筋形状达到一致，定好形状后在"修改/编辑钢筋草图"打绿色的对钩，完成对钢筋形状的编辑。再选中钢筋，到属性中把 ABCDE 的尺寸改成表 10-3 中的尺寸，如图 10-109 所示。

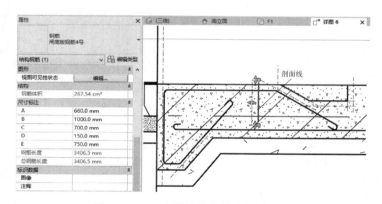

图 10-109　在属性栏中修改钢筋尺寸

在上面的剖视图中绘制如图 10-110 所示的剖面线。

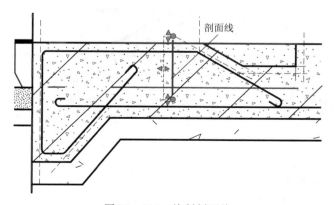

图 10-110　绘制剖面线

转到剖视图，关闭标高和轴网的可见性，调整剖面线的位置和视图框范围，达到图 10-111 的效果。

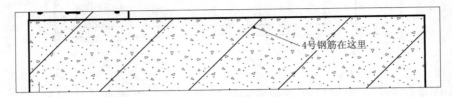

4号钢筋在这里

图 10-111　调整剖面线位置及视图范围

选中这根钢筋，在其属性的"注释"中写入"④φ10@250"。通过移动（注意：不要上下移动，上下移动会使得 C、D、E 的尺寸改变）绘制参照平面并采用阵列的方法配置 9 根④号钢筋，如图 10-112 所示。

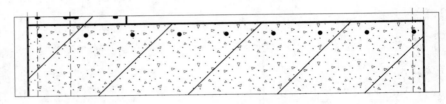

图 10-112　阵列钢筋

6. 配置⑤号钢筋

⑤号钢筋是为了箍住 3 根①号钢筋，仍采用上面的剖面，选择钢筋形状 02，放置后调整长度，在属性中修改长度为 940mm，点击"编辑类型"选择 10PHB300，复制并重命名为"闸底板钢筋 5 号"，如图 10-113 所示。

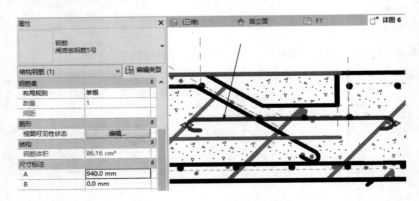

图 10-113　复制钢筋并重命名

在上面的剖视图中按照图 10-114 所示的位置和视图框范围绘制剖面线。

转到剖视图，调整视口大小，关闭标高和轴网的可见性，删除不必要的参照平面，

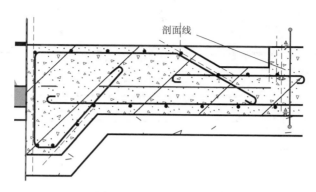

图 10 - 114 绘制剖面线

效果如图 10 - 115 所示。

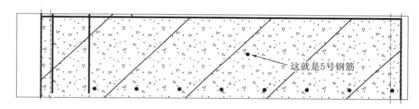

图 10 - 115 转到剖面视图并调整视图

选择这根钢筋，在其属性的"注释"中写入"⑤φ10@250"。通过绘制参照平面，采用阵列的方法阵列 9 根 5 号钢筋，如图 10 - 116 所示。别忘解组。

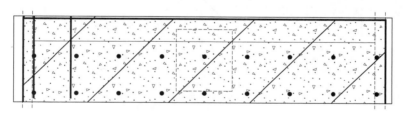

图 10 - 116 阵列钢筋

7. 配置⑥号钢筋

⑥号钢筋与④号钢筋类似，也是选择钢筋形状 31。仍然采用图 10 - 114 的剖面，选择钢筋形状 31，找合适位置放入截面后，双击钢筋，拖拽端点，使其符合图 10 - 96 中⑥号钢筋的形状。点击"编辑类型"，选择 10HPB300，复制并重命名为"闸底板钢筋 6 号"。在属性中按照表 10 - 3 中的尺寸修改 ABCDE 的尺寸，结果如图 10 - 117 所示。

按照图 10 - 118 绘制剖面线的位置和视图框范围。

转到剖视图，关闭标高和轴网的可见性，删除不必要的参照平面，调整视口范围，

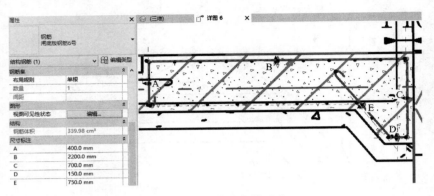

图 10-117　修改钢筋尺寸

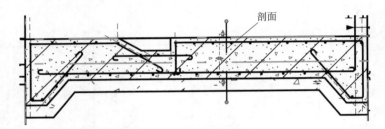

图 10-118　绘制剖面线并调整视图范围

如图 10-119 所示。

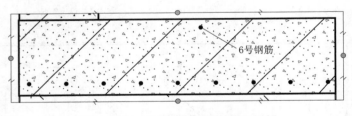

图 10-119　转到剖面视图并调整视图

　　选择这根钢筋，在其属性的"注释"中写入"⑥φ10@250"。通过绘制参照平面，采用阵列方法阵列 9 根⑥号钢筋，如图 10-120 所示。

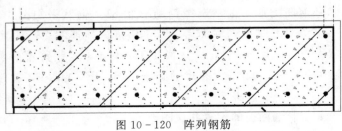

图 10-120　阵列钢筋

五、检修桥配筋

与检修桥配筋有关的图纸见图 10-121 和表 10-4。

表 10-4 与检修桥配筋有关的钢筋型式

部 位	编 号	规 格	钢 筋 型 式	单根长/mm	数 量	总长/m
检修桥	①	φ10	140 ⎤⎣1740⎦⎡ 140	2020	9	18.18
	②	φ14	140 ⎤⎣1900⎦⎡ 140	2180	10	21.80
	③	φ10	⟞1740⟝	1865	6	11.19
	④	φ14	1900	1900	10	19.00

1. 设置检修桥板的钢筋保护层

根据图纸中的说明，检修桥板的钢筋保护层是 30mm。

2. 配置检修桥板的①、②、③、④号钢筋

熟悉了前面几节的配筋方法，检修桥板的配筋就比较简单了，读者可自行完成。

表 10-4 中③号钢筋应该是 9 根。读者在参照图纸进行配筋时，图纸的设计者面对大量的钢筋要

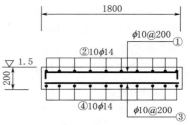

图 10-121 检修桥钢筋图

不停地计算根数、间距等，所以钢筋表中或钢筋的标注中常常存在不少错误，例如 @200、@250 间距不一定正好是 200mm 和 250mm。

第十一章
创建配筋图纸

由于钢筋是在建筑物构件的内部，所以只能在剖面视图中见到钢筋。剖面视图中的钢筋展现给我们的是线和点，所以我们称为线筋和点筋。创建配筋图纸的目的主要有两个：一个是能算出一个构件中的钢筋有多少公斤；一个是让施工人员能够按着图纸制作钢筋和现场绑扎钢筋。因此，钢筋图纸要能够体现以下几点：①该构件中有几种钢筋（为钢筋编号）；②每种钢筋的形状（画出钢筋的图像）；③每种钢筋的分段尺寸（包括弯钩的角度和尺寸）；④钢筋的根数；⑤钢筋的级别（Φ表示Ⅰ级，Φ表示Ⅱ级，Φ表示Ⅲ级）；⑥钢筋的直径；⑦钢筋的间距（用@表示）。

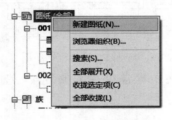

图 11-1　选择"新建图纸"

其中①、②、③、④、⑤、⑥在图纸所附的钢筋表中体现，①、⑥、⑦在剖面视图上标注。需要特别注意的是剖切符号的位置和编号必须对应准确。

一、创建配筋图标题栏

在项目浏览器中选择"图纸"，按右键在弹出的菜单中选择"新建图纸"，弹出"新建图纸"对话框，如图 11-1、图 11-2 所示。

先将"水利 A3 公制 .rfa"族文件载入到项目中。对创建的图纸重命名，如图 11-3 所示。

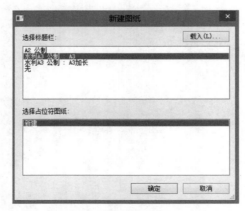

图 11-2　"新建图纸"对话框

图 11-3　对创建的图纸重命名

二、剖切符号的制作

《水利水电工程制图标准　基础制图》（SL 73.1—2013）规定，剖切符号应由剖切位置线和剖视方向线组成一直角，应以粗实线绘制，剖切位置线的长度宜为 5～10mm，剖视方向线的长度宜为 4～6mm，剖切符号不宜与图面上的图线接触。剖切符号的编号宜采用阿拉伯数字或拉丁字母，按顺序由左至右，由下至上连续编号并应注写在剖视方向线的端部。

"剖切符号.rfa"族文件可直接载入到项目中。编号（数字或字母）、位置线长度、方向线长度可在"属性"中任意修改。也可以双击剖切符号实例进入族编辑器对剖切符号任意修改后存盘为其他剖切符号族文件，以适应不同的方向。

三、创建启闭机桥配筋图纸

1. 制作详图

为了展示出剖面线的位置和方向，需要先制作一个启闭机桥的详图。转到 F3 视图，选择"视图"选项卡，点击"详图索引"，选择矩形，拉出如图 11-4 所示的详图框。

转到详图 5（每个人的详图编号不一样），关闭标高、轴网、结构钢筋等的可见性，隐藏不想看见的图元，点击"属性"中"图形显示选项"，选择"线框"，在图 11-4 所示的位置用"详图线"（"注释"选项卡中）绘制虚线（在"注释"选项卡中"线样式"下拉选项中选择"隐藏线"）。在相应位置创建"剖切符号"族实例，并标注相应的尺寸，如图 11-5 所示。

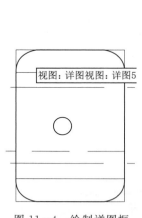

图 11-4　绘制详图框

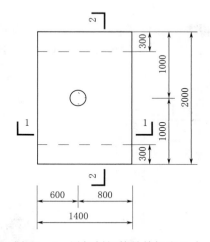

图 11-5　添加剖切符号并标注尺寸

在项目浏览器中选中"水闸配筋图"按右键，在弹出的菜单中选"添加视图"，弹出"视图"对话框，列出了当前项目中所有的视图，如图 11-6 所示。

选择详图 5，点击"在图纸中添加视图"，如图 11-7 所示，可以根据添加的视图的大小在属性中选择比例。

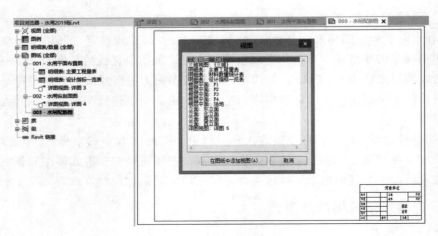

图 11-6　选择要添加的视图

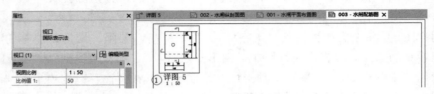

图 11-7　将详图添加到图纸

2. 制作 1—1 剖视图

转到详图 5 视图，参照图 11-8 绘制剖面线。

转到剖面视图，关闭标高、轴网的可见性。选中截面，按右键选择如图 11-9 所示的菜单选项。

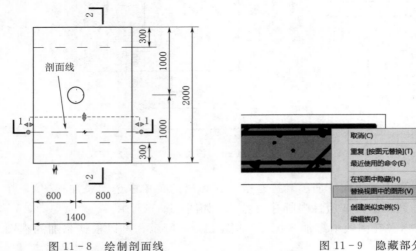

图 11-8　绘制剖面线　　　　　　　图 11-9　隐藏部分图元

进入"视图专用图元图形"对话框，将"截面线"下的"宽度"更改为"1"，"界面填充图案"下的"前景填充"取消钩选，如图11-10所示。

得到的配筋专用剖面如图11-11所示。把比例改为1：50，"详细程度"改为精细。记住详图名称是"详图6"（每个人可能不一样）。

在项目浏览器中选择图纸下面的"水闸配筋图"，按右键，在弹出的菜单中选择"添加视图"，在弹出的"视图"对话框中选择"详图6"，点击"在图纸中添加视图"。将详图6放置在标题栏中合适的位置。

3. 标注钢筋

钢筋的图纸标注是一个难点，需要编插件，插件已经编好，可通过本书提供的网站下载。如图11-12所示。

钢筋的标注主要是线筋和点筋的标注。标注的顺序是：标注引线、钢筋描述、钢筋编号。

图 11-10　设置视图专用图元图形

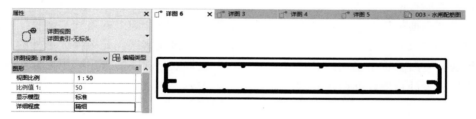

图 11-11　配筋专用剖面图

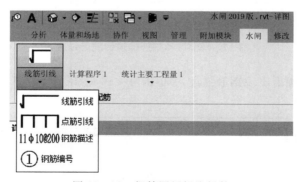

图 11-12　钢筋图纸标注插件

（1）点筋标注。点击"点筋引线"命令，出现不带箭头的指向线跟着鼠标移动，这是一个族，点击"点筋引线"命令后相当于创建族的实例，移动鼠标，左键点击创建出各个指向线，如图 11-13 所示。

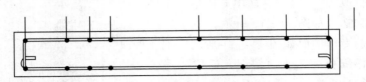

图 11-13　创建指向线

放置足够数量的指向线后按两次"Esc"键，此时出现很细的十字，这是激活了"详图线"命令，选择详图线的第一点，拉出详图线，如图 11-14 所示。

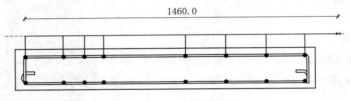

图 11-14　绘制详线图

点击鼠标左键确定详图线的第二点。可能放置的指向线高度不一致，可以通过移动命令，使这些指向线对齐。

点击"钢筋描述"命令，可选任意一个钢筋，因为每个圆点的属性"注释"中都有钢筋描述，如果其属性"注释"中没有钢筋描述，会出现错误。必须保证选择的是要描述的钢筋，有时会选中指向线。选中钢筋后，出现带空心圆圈的十字，用鼠标左键选择钢筋描述放置的位置，此时出现"?"，如图 11-15 所示。

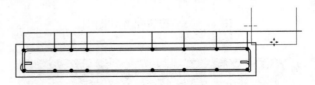

图 11-15　选择钢筋描述的放置位置

按两次"Esc"键后出现钢筋描述，如图 11-16 所示。

图 11-16　出现钢筋描述

点击"钢筋编号"命令，选择圆点钢筋，鼠标左键选择合适的位置，出现"?"后按两次"Esc"键，如图 11-17 所示。

图 11-17　放置钢筋编号

下面标注底层的点筋，点击"点筋引线"命令，出现点筋引线后按空格键调整方向，如图 11-18 所示。

图 11-18　调整钢筋引线方向

后面的操作和②号钢筋的标注相同，结果如图 11-19 所示。

图 11-19　添加钢筋描述和编号

（2）线筋标注。点击"线筋引线"，会出现带箭头的指向线，如图 11-20 所示，这是一个族，找到适当的位置点击鼠标左键，相当于在创建这个族的实例。

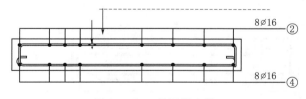

图 11-20　放置指向线

放置一个后还一直在出现这个族，此时按两次"Esc"键，出现一个很细的十字，这是激活了"详图线"命令，点击线的第一点，拉出线，如图 11-21 所示。

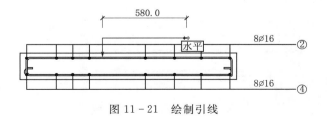

图 11-21　绘制引线

179

拉出合适的长度后点击第二点，按两次"Esc"键后退出"线筋引线"命令。

点击"钢筋描述"，选择要描述的钢筋。选中后出现中间空心圆圈的十字，在引线上方点击鼠标左键以确定钢筋描述文字的位置，此时会出现"?"，如图 11 - 22 所示。

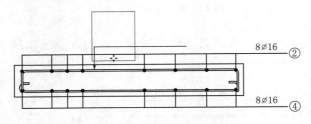

图 11 - 22　确定描述文字的位置

按两次"Esc"键后问号变为钢筋描述，移动钢筋描述到合适的位置，如图 11 - 23 所示。

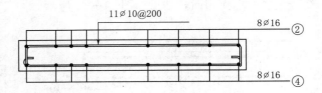

图 11 - 23　将钢筋描述放到合适位置

点击"钢筋编号"命令，同样是先选择钢筋，然后出现中间空心圆圈的十字，在放置钢筋编号的位置点击鼠标左键，出现"?"，按两次"Esc"键后出现钢筋编号，移动钢筋编号到合适的位置，如图 11 - 24 所示。

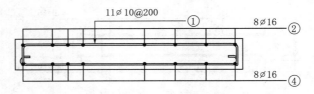

图 11 - 24　移动钢筋编号到合适位置

带箭头的指向线的长短是可以修改的，有时可能需要长一点，选中指向线，在属性中改变长度尺寸，如把 3 改成 5，如图 11 - 25 所示。

图 11 - 25　修改指向线长度

把水平线、"钢筋描述"和"钢筋编号"一块选中，移动一下就可以了，如图 11-26 所示。

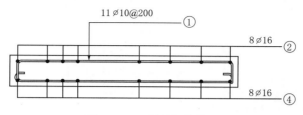

图 11-26　调整标注位置

下面标注另一根线筋，点击"线筋引线"命令，出现带箭头的指向线后按空格键改变指向的方向，找到合适的位置点击鼠标左键，如图 11-27 所示。

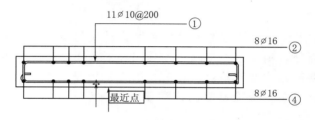

图 11-27　放置指向线

后面的操作方法与标注第一根线筋相同，最后结果如图 11-28 所示。可以将标注的结果与图 10-27 比较一下。

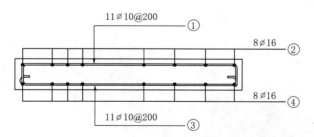

图 11-28　完成标注的配筋图

附 录

附录一　水　　闸

水闸部分以梅林溪闸、开敞式水闸和张集闸为例搭建模型并创建图纸。

一、梅林溪闸

梅林溪闸站工程位于浙江省桐庐县城新区梅林溪与富春江交汇处，属桐庐县城市防洪工程的一部分，闸址以上流域面积 $11.73km^2$（包括溪旁水库 $4km^2$），梅林溪长 8km。梅林溪闸站为 3 级建筑物，其主要功能为排涝和挡水，当富春江高水位出现内涝时，开启水泵，排除涝水。梅林溪闸泵站设计流量为 $1.66m^3/s$，最大排涝流量为 $89.60m^3/s$。

利用所建族库搭建出的水闸模型三维视图和图纸如附图 1-1～附图 1-4 所示。

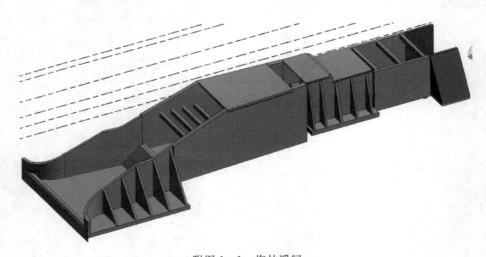

附图 1-1　梅林溪闸

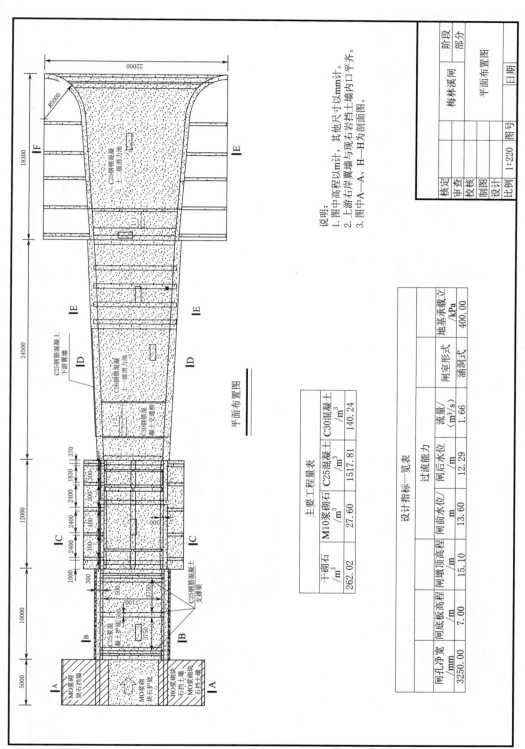

附图 1-2 梅林溪闸平面布置图

说明：
1. 图中高程以m计，其他尺寸以mm计。
2. 上游右岸翼墙与现右岸挡土墙内口平齐。
3. 图中A—A、H—H为剖面图。

平面布置图

		阶段
		部分
梅林溪闸		
	平面布置图	
核定		
审查		
校核		
制图		
设计		
比例	1:220	图号
		日期

主要工程量表

干砌石 /m³	M10浆砌石 /m³	C25混凝土 /m³	C30混凝土 /m³
262.02	27.60	1517.81	140.24

设计指标一览表

闸孔净宽 /mm	闸底板高程 /m	闸墩顶高程 /m	过流能力		流量/ (m³/s)	闸室形式	地基承载立 /kPa
			闸前水位 /m	闸后水位 /m			
3250.00	7.00	15.10	13.60	12.29	1.66	涵洞式	400.00

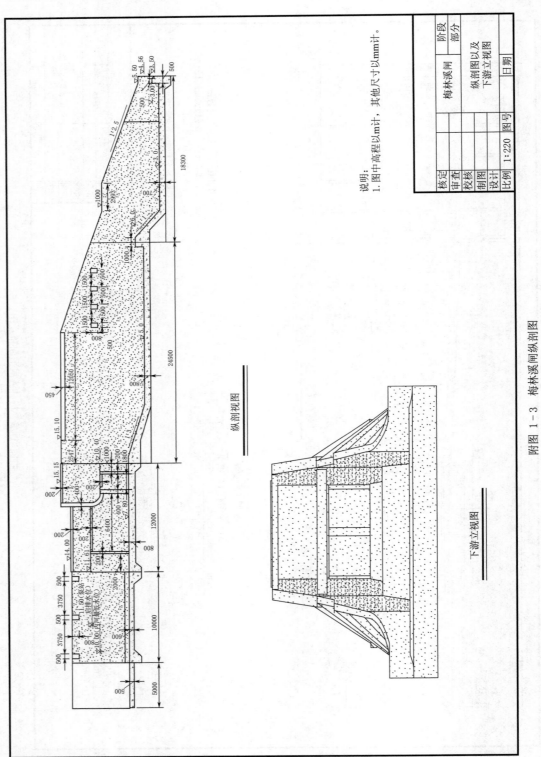

附图 1-3　梅林溪闸纵剖图

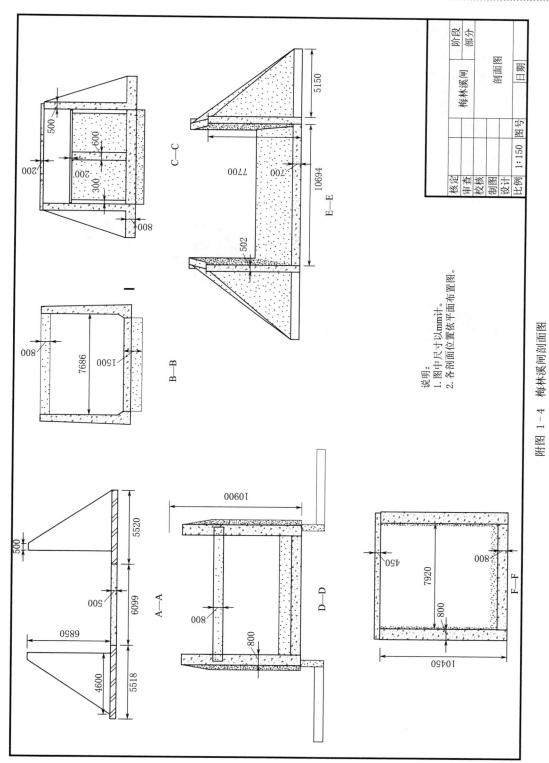

说明：
1. 图中尺寸以mm计。
2. 各剖面位置依平面布置图。

附图 1－4　梅林溪闸剖面图

二、开敞式水闸

开敞式水闸又称溢流式水闸，为单孔闸，设计为扭曲面式翼墙，采用开敞式不设填土，闸槛型式采用平底宽顶堰，不设胸墙，使用闸门控制流量，满足通航、排污、排冰等特殊要求。

利用所建族库搭建出的水闸模型三维视图和图纸如附图 1-5～附图 1-8 所示。

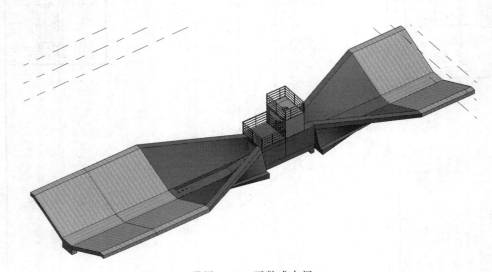

附图 1-5　开敞式水闸

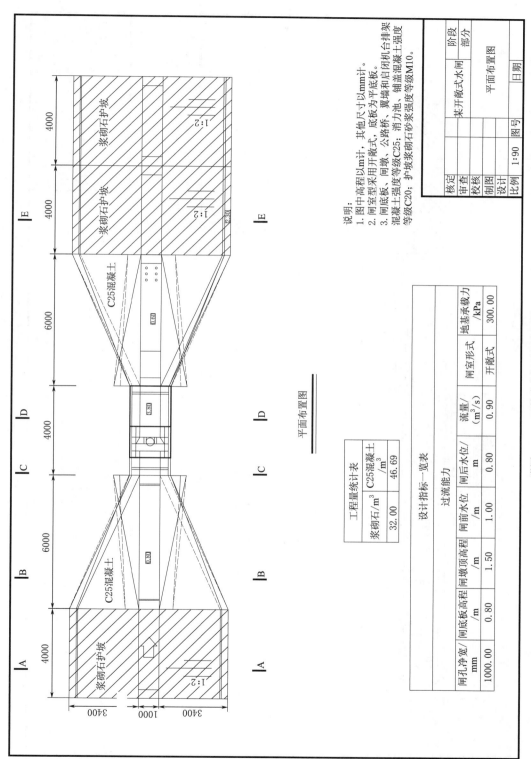

平面布置图

工程量统计表

浆砌石/m³	C25混凝土/m³
32.00	46.69

设计指标一览表

闸孔净宽/mm	闸底板高程/m	闸墩顶高程/m	闸前水位/m	闸后水位/m	流量/(m³/s)	闸室形式	地基承载力/kPa
					过流能力		
1000.00	0.80	1.50	1.00	0.80	0.90	开敞式	300.00

说明：
1. 图中高程以m计，其他尺寸以mm计。
2. 闸室型采用开敞式，公路桥、闸墩、翼墙和启闭机台排架混凝土强度等级C25；消力池、铺盖混凝土强度等级C20；护坡浆砌石砂浆强度等级M10。
3. 闸底板、闸室底板为平底板。

阶段		某开敞式水闸
部分		
		平面布置图
核定		
审查		
校核		
制图		图号
设计		日期
比例	1:90	

附图 1-6　开敞式水闸平面布置图

187

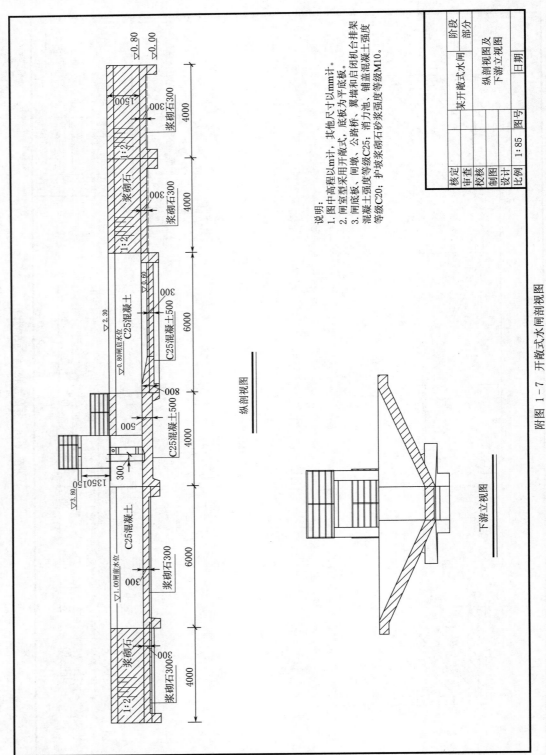

说明:
1. 图中高程以m计, 其他尺寸以mm计。
2. 闸室型采用开敞式, 底板为平底板。
3. 闸底板、闸墩、公路桥、翼墙和启闭机台排架混凝土强度等级C25; 消力池、铺盖混凝土强度等级C20; 护坡浆砌石砂强度等级M10。

纵剖视图

下游立视图

	阶段	
	部分	
某开敞式水闸	纵剖视图及	
	下游立视图	
核定		
审查		
校核		
制图		
设计		日期
比例	1:85	图号

附图 1-7 开敞式水闸剖视图

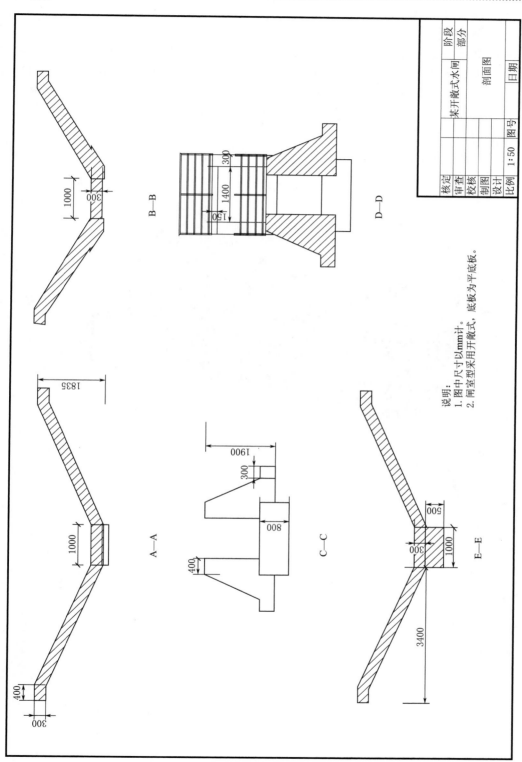

说明：
1. 图中尺寸以 mm 计。
2. 闸室型采用开敞式，底板为平底板。

附图 1 – 8 开敞式水闸纵剖视图

189

三、张集闸

张集闸位于安徽省阜阳市的临淮岗洪水控制工程副坝上，工程等级为Ⅰ等，闸室翼墙等主要建筑物工程等别为Ⅰ级。该闸为排水闸，其主要功能是排涝与挡洪，兼具有蓄水功能。本闸共 8 孔，单孔净宽 5m，闸室顺水流向 12m。闸室型为胸墙式，反拱式底板，采用平面钢闸门挡水，单吊点 QPL－250kN 型手电两用螺杆式启闭机启闭。

利用所建族库搭建出的水闸模型三维视图和图纸如附图 1－9～附图 1－12 所示。

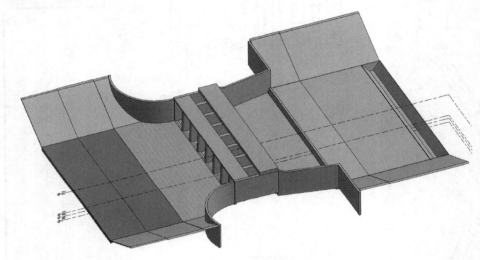

附图 1－9　张集闸

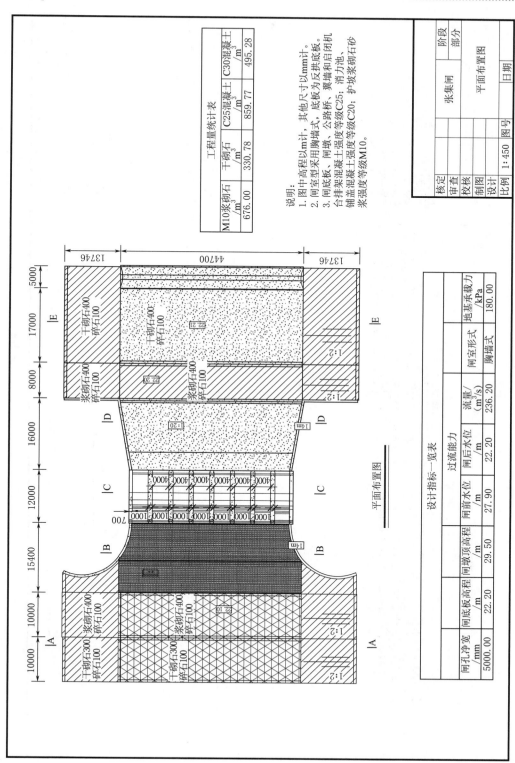

附图 1-10　张集闸平面布置图

工程量统计表

M10浆砌石 /m³	干砌石 /m³	C25混凝土 /m³	C30混凝土 /m³
676.00	330.78	859.77	495.28

说明：
1. 图中高程以m计，其他尺寸以mm计。
2. 闸室型采用胸墙式，底板为反拱底板。
3. 闸底板、闸墩、公路桥、翼墙和启闭机台、排架混凝土强度等级C25；消力池、铺盖混凝土强度等级C20；护坡浆砌石砂浆强度等级M10。

平面布置图

设计指标一览表

过流能力

闸孔净宽 /mm	闸底板高程 /m	闸墩顶高程 /m	闸前水位 /m	闸后水位 /m	流量 /(m³/s)	闸室形式	地基承载力 /kPa
5000.00	22.20	29.50	27.90	22.20	236.20	胸墙式	180.00

	阶段
	部分
核定	
审查	
校核	
制图	
设计	
比例 1:450	

张集闸

平面布置图

图号　日期

191

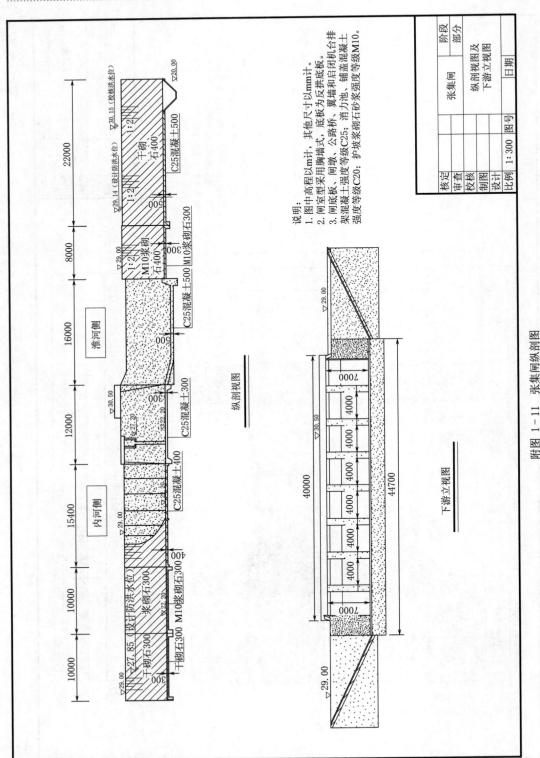

附图 1－11　张集闸纵剖图

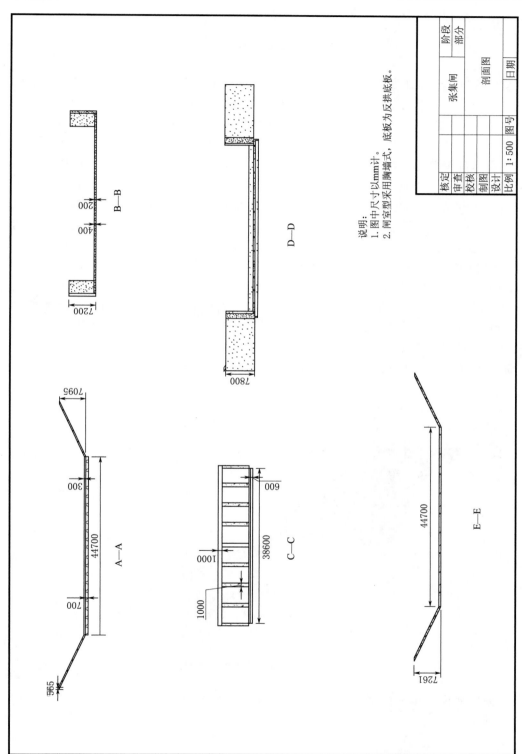

附图 1－12　张集闸剖面图

附录二　溢　洪　道

里墩水库建于浙江省玉环县陈屿镇境内的里墩河上，由浙江省水利水电勘测设计院设计，整个枢纽工程主要任务是供水。里墩水库正常蓄水位 24.00m，死水位 5.00m，设计水位（$P=2\%$）25.96m，与设计水位对应的洪峰流量为 294m³/s。工程主体由拦河坝、溢洪道、输水建筑物、放空洞和净水厂五大部分组成。

里墩水库溢洪道布置在里墩河拦河坝的左岸垭口处，由进水渠、溢流堰、阶梯式陡槽、消力池、护坦和泄洪渠六部分组成。进水渠底宽 42m，高程 21.00m，为扭坡段，后接直立式挡墙。溢流堰为实用堰，采用 WES 型幂曲线，堰宽 42m，堰高 3m，布置于交通桥下，堰顶高程为 24.00m，采用 C20 混凝土结构，溢流堰两岸为 C20 混凝土挡墙。溢洪道下游为阶梯式泄槽，坡度为 1，宽度为 42m。泄槽段由 43 级阶梯组成，其各阶梯尺寸为 0.60m×0.60m，以消减水流动能，泄槽两岸为 C20 混凝土挡墙，墙高 3.50m。消力池底高程为－2.10m，长度为 29.50m，宽度由 42m 渐缩至 30m，消力池两岸为 C20 混凝土挡墙，墙高 7.10m，消力池后经39.90m 长的护坦连接于下游泄洪渠。泄洪渠底宽 30m，起始底板高程 1.30m，两岸边坡 1：3，长 220m。

搭建出的溢洪道样板模型的三维视图如附图 2-1 所示。

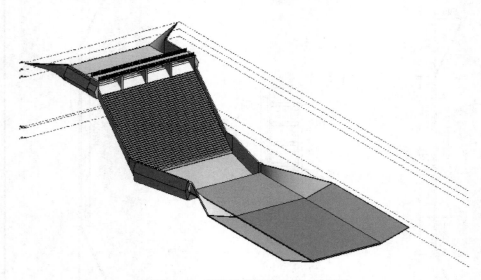

附图 2-1　溢洪道样板模型的三维视图

根据所建模型生成的溢洪道平面布置图、纵剖视图和剖面图如附图 2-1～附图 2-4 所示。

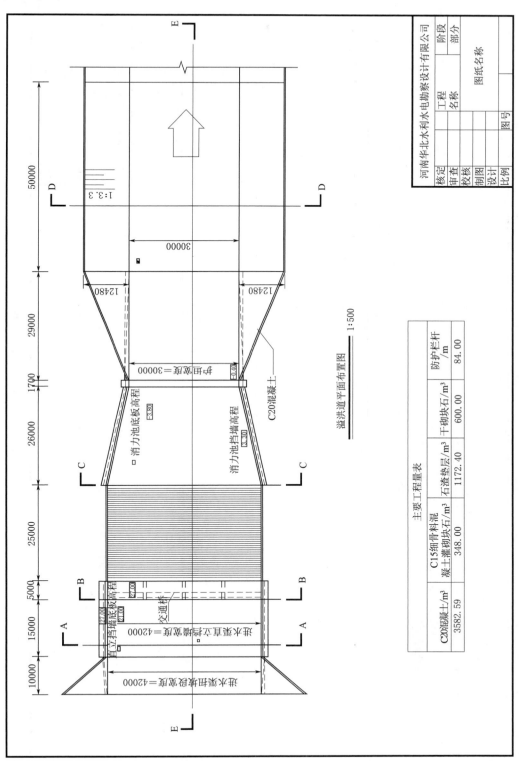

溢洪道平面布置图 ——— 1:500

主要工程量表

C20钢筋混凝土/m³	C15细骨料混凝土灌砌块石/m³	石渣垫层/m³	干砌块石/m³	防护栏杆/m
3582.59	348.00	1172.40	600.00	84.00

附图 2－2 溢洪道平面布置图

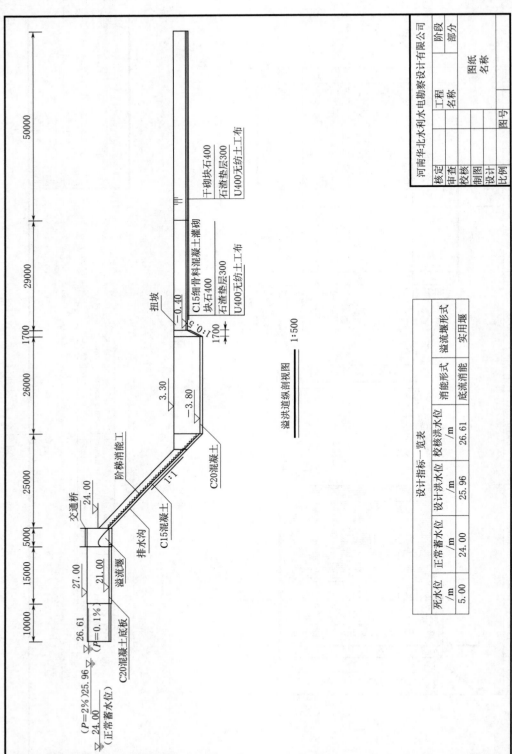

溢洪道纵剖视图

1:500

设计指标一览表					
	死水位 /m	正常蓄水位 /m	设计洪水位 /m	校核洪水位 /m	消能形式	溢流堰形式
	5.00	24.00	25.96	26.61	底流消能	实用堰

附图 2-3 溢洪道纵剖视图

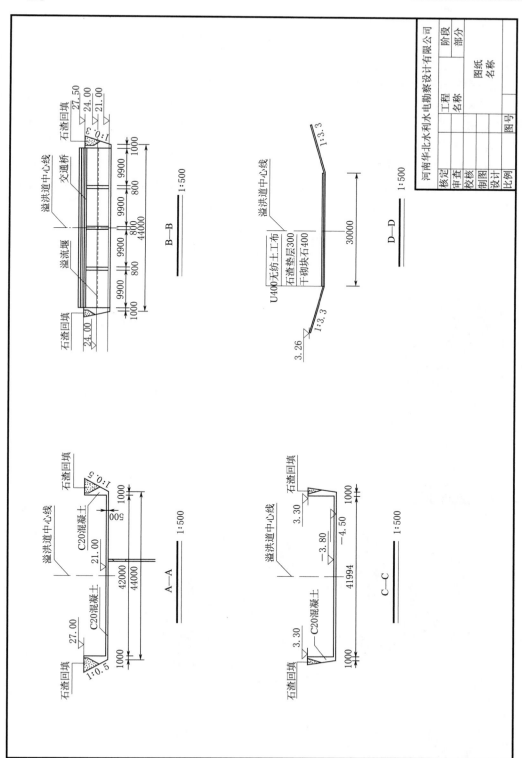

附图 2－4 溢洪道剖面图

附录三　土　石　坝

福建前线水库位于福建省龙海县，是一座以灌溉为主的小型水库，控制流域面积为 11.0km²。枢纽由主坝、两个副坝、溢洪道及坝下涵洞与电站所组成。主坝为均质土坝，坝高 21m，坝长 152m，坝顶宽度 6m。本附录将通过均质坝族创建前线水库的主坝。

在利用 Revit 创建福建前线水库的主坝之前，我们需要对其进行项目分解，附图 3-1 为对该工程的项目分解结构。该项目分解借鉴了工程造价的分解方式，又不同于工程造价的分解方式，它比工程造价的分解较为粗略。

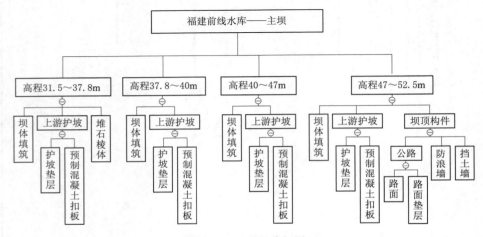

附图 3-1　项目分解图

项目模型搭建完成之后，模型及图纸如附图 3-2～附图 3-4 所示。

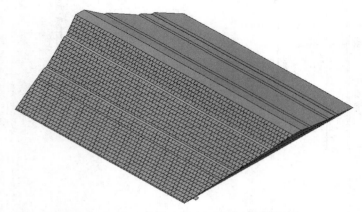

附图 3-2　福建前线水库土坝模型三维视图

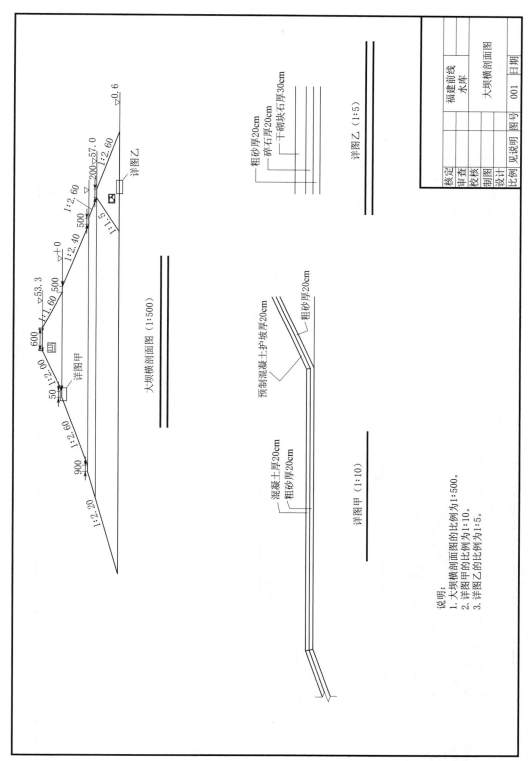

大坝横剖面图（1:500）

▽0.6

200▽57.0
1:2.60
详图乙

▽
500
1:2.60
1:5

▽±0
1:2.40

▽53.3
1:1.60
500

600
详图甲

50
1:2.00

900
1:2.20
1:2.60

详图甲（1:10）

混凝土厚20cm
粗砂厚20cm

预制混凝土护坡厚20cm
粗砂厚20cm

详图乙（1:5）

粗砂厚20cm
碎石厚20cm
干砌块石厚30cm

核定			福建前线	
审查			水库	
校核			大坝横剖面图	
制图				
设计				
比例	见说明	图号	001	日期

说明：
1. 大坝横剖面图的比例为1:500。
2. 详图甲的比例为1:10。
3. 详图乙的比例为1:5。

附图 3－3 大坝横剖面图

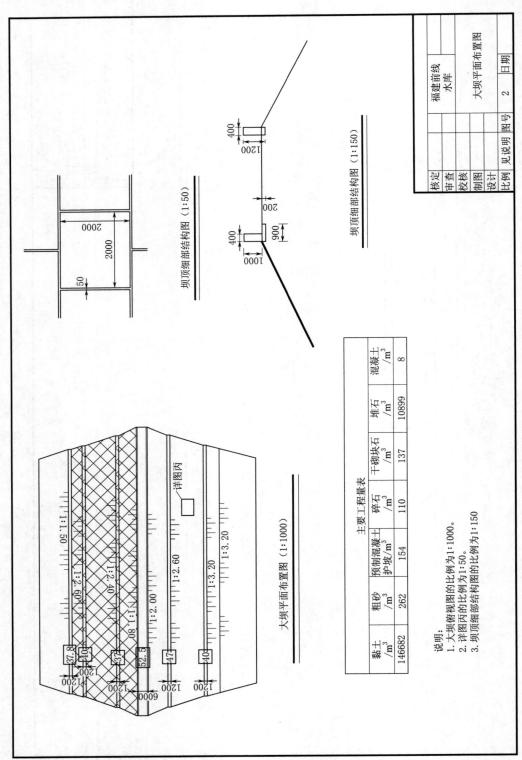

附图 3-4 大坝平面布置图

附录四　引水建筑物

以某引水建筑物为例进行搭建模型，并生成图纸，模型三维视图如附图4-1～附图4-2所示。

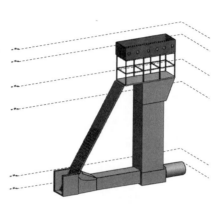

附图4-1　进水口模型三维视图

附图4-2　调压井模型三维视图

由于引水隧洞的长度过长，无法在其三维模型中同时明确地看到进水口和调压井等水工建筑物。下面两个利用族的参数化或者补充族库而新建的项目，引水隧洞用很短的管道代替，这样可以看到整体的引水建筑物工程，如附图4-3、附图4-4所示的两个项目。

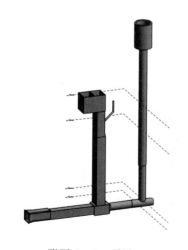

附图4-3　项目一

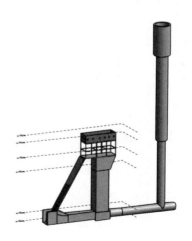

附图4-4　项目二

依据所搭建模型形成了进水口和调压井的部分图纸如附图4-5、附图4-6所示。

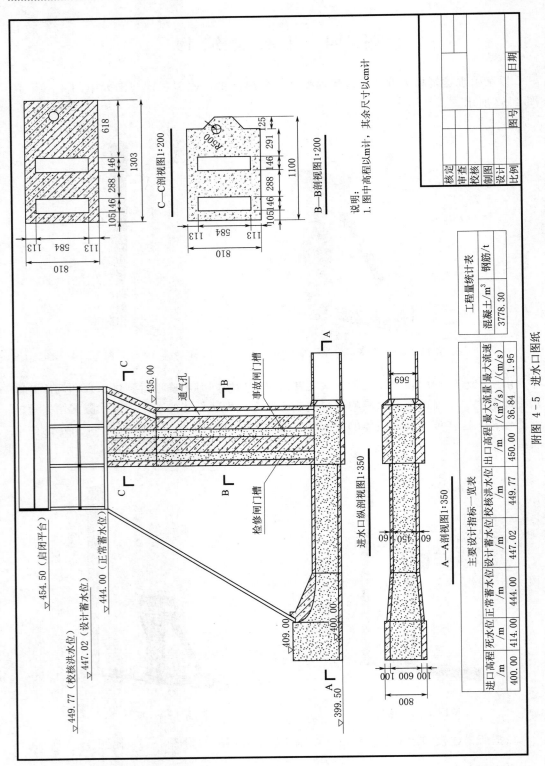

附图 4－5　进水口图纸

工程量统计表

混凝土/m³	钢筋/t
3778.30	

主要设计指标一览表

进口高程/m	死水位/m	正常蓄水位/m	设计蓄水位/m	校核洪水位/m	出口高程/m	最大流量/(m³/s)	最大流速/(m/s)
400.00	414.00	444.00	447.02	449.77	450.00	36.84	1.95

说明：
1. 图中高程以 m 计，其余尺寸以 cm 计。

C—C 剖视图1:200

B—B 剖视图1:200

进水口纵剖视图1:350

A—A 剖视图1:350

▽454.50（启闭平台）

▽449.77（校核洪水位）
▽447.02（设计蓄水位）
▽444.00（正常蓄水位）

通气孔
事故闸门门槽
检修闸门门槽

▽435.00

▽409.00

▽399.50

核定		图号	
审查		设计	
校核		比例	
制图		日期	

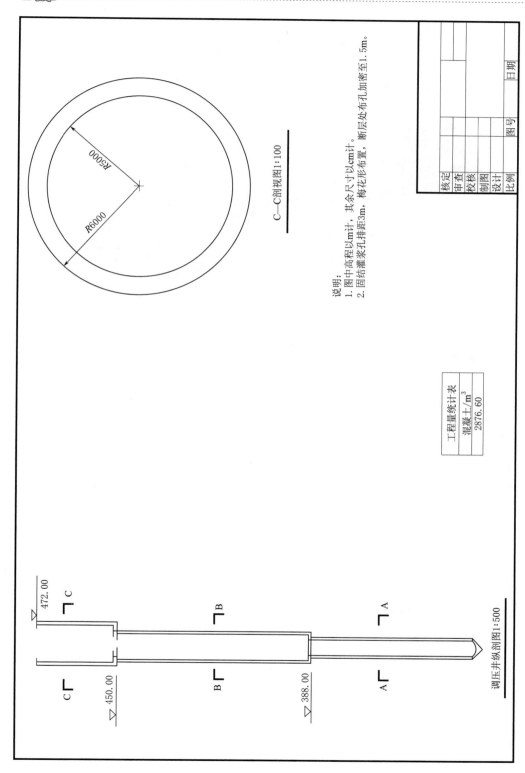

C—C剖视图1:100

说明：
1. 图中高程以m计，其余尺寸以cm计。
2. 固结灌浆孔排距3m，梅花形布置，断层处布孔加密至1.5m。

工程量统计表	
混凝土/m³	
2876.60	

核定	
审查	
校核	
制图	
设计	
比例	图号	日期

472.00

▽ 450.00

388.00

调压井纵剖图1:500

附图 4－6 调压井图纸

附录五　跌水与陡坡

以某跌水项目为例，所搭建模型三维视图如附图 5-1 所示。

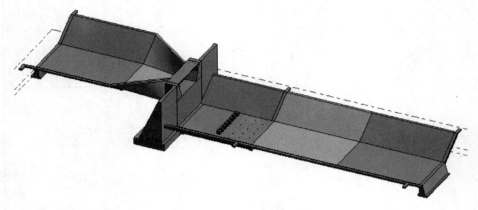

附图 5-1　某跌水项目模型的三维视图

根据模型形成其平面布置图、纵剖视图和剖面图如附图 5-2～附图 5-4 所示。

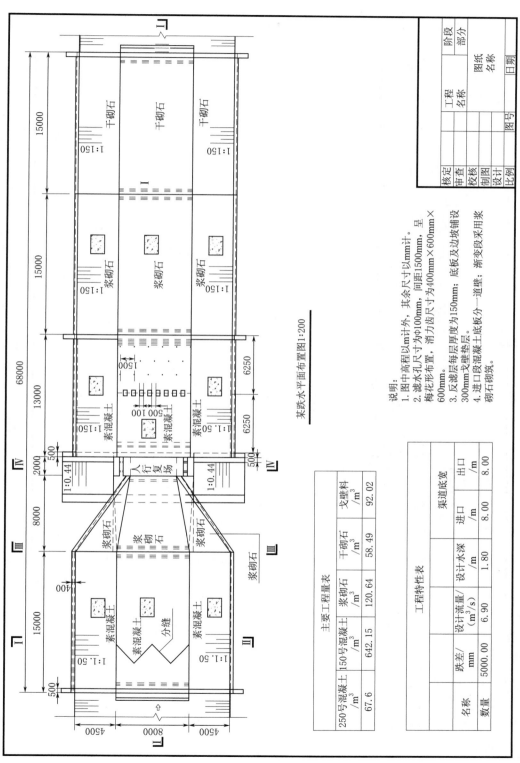

某跌水平面布置图1:200

说明：
1. 图中高程以m计外，其余尺寸以mm计。
2. 滤水孔尺寸为Φ100mm，间距1500mm，呈梅花形布置，消力齿尺寸为400mm×600mm×600mm。
3. 反滤层每层厚度为150mm；底板及边坡铺设300mm戈壁料垫层。
4. 进口段混凝土底板分一道壁，渐变段采用浆砌石砌筑。

主要工程量表

名称	250号混凝土/m³	150号混凝土/m³	浆砌石/m³	干砌石/m³	戈壁料/m³
数量	67.6	642.15	120.64	58.49	92.02

工程特性表

名称	跌差/mm	设计流量/(m³/s)	设计水深/m	渠道底宽	
				进口/m	出口/m
数量	5000.00	6.90	1.80	8.00	8.00

附图 5 - 2 平面布置图

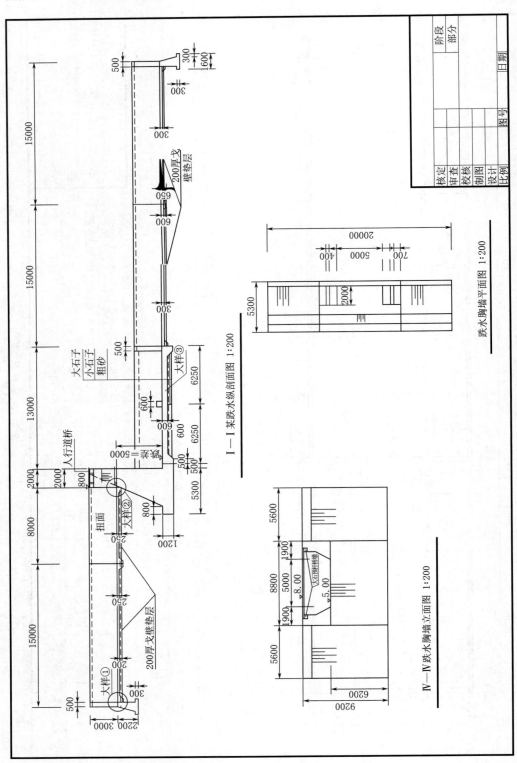

附图 5-3 纵剖视图

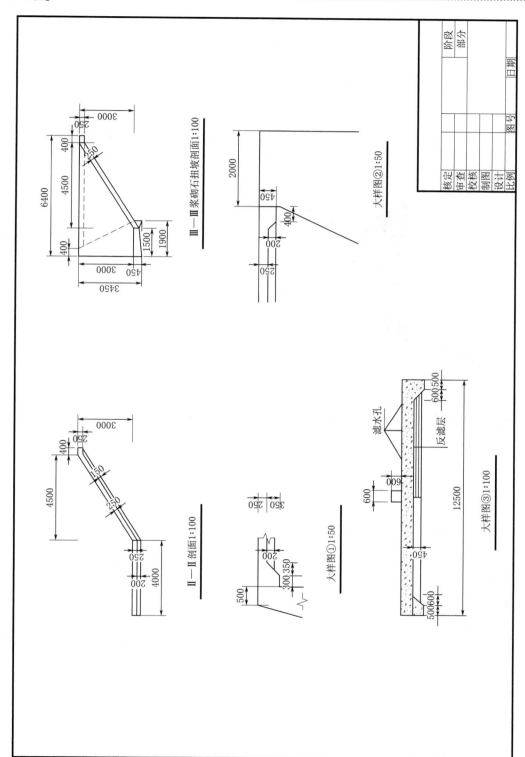

附图 5-4 剖面图

Ⅲ—Ⅲ浆砌石扭坡剖面1:100

大样图②1:50

Ⅱ—Ⅱ剖面1:100

大样图①1:50

大样图③1:100

滤水孔

反滤层

阶段	部分				图号
核定					
审查					
校核					
制图					
设计					
比例				日期	

207

附录

附录六 泵 站

以某泵站项目为例，所搭建的模型三维视图如附图 6-1 所示。

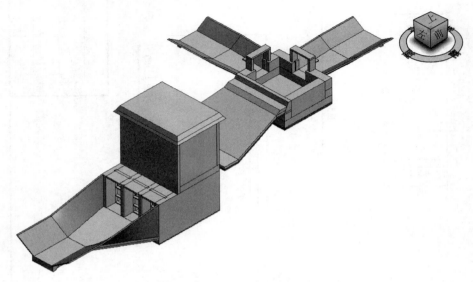

附图 6-1 泵站模型三维视图

依据模型形成的平面布置图、纵剖视图和细部图，如附图 6-2～附图 6-4 所示。

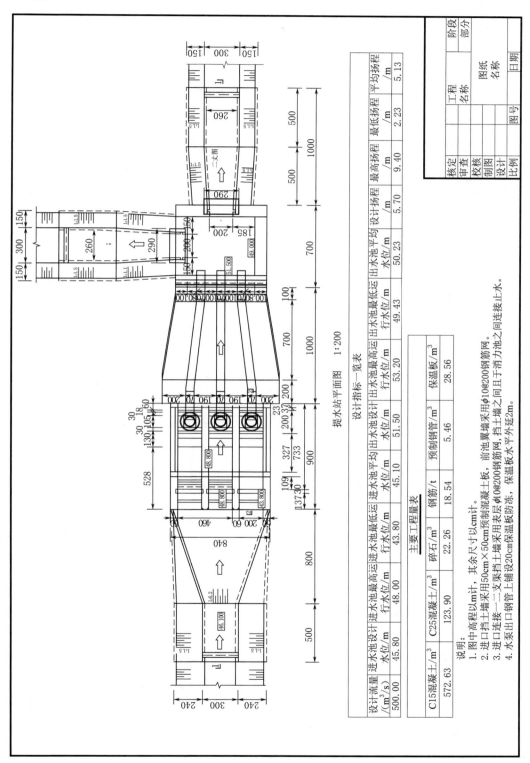

附图 6-2 平面布置图

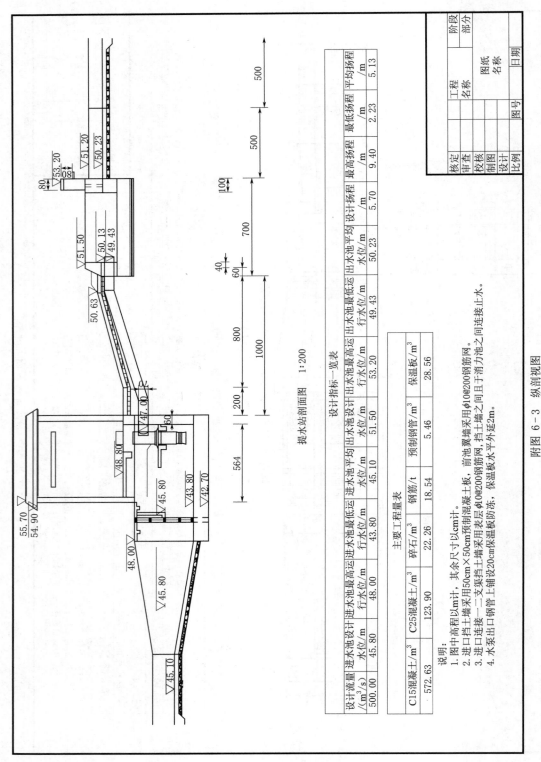

提水站剖面图　1:200

设计指标一览表

设计流量/(m³/s)	进水池设计水位/m	进水池最高运行水位/m	进水池最低运行水位/m	出水池设计水位/m	出水池最高运行水位/m	出水池最低运行水位/m	设计扬程/m	最高扬程/m	最低扬程/m	平均扬程/m
500.00	45.80	48.00	43.80	51.50	53.20	49.43	50.23	5.70	9.40	2.23	5.13

主要工程量表

C15混凝土/m³	C25混凝土/m³	碎石/m³	钢筋/t	预制钢管/m³	保温板/m³
572.63	123.90	22.26	18.54	5.46	28.56

说明：
1. 图中高程以m计，其余尺寸以cm计。
2. 进口挡土墙采用50cm×50cm预制混凝土板，前池裹砌混凝土板，前池裹砌墙采用φ10@200钢筋网。
3. 进口连接一二支渠挡土墙采用表层φ10@200钢筋网，出水管之间力消力池之间连接止水。
4. 水泵出口钢管上铺设20cm保温板防冻，保温板水平外延2m。

附图 6-3　纵剖视图

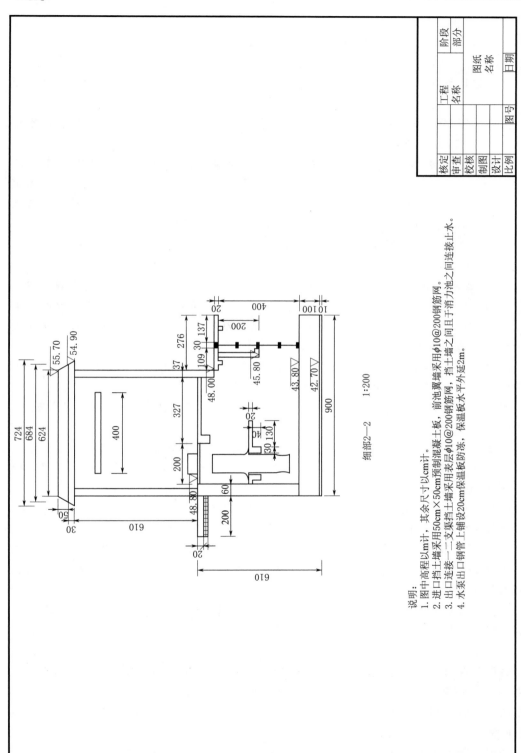

细部2—2 1:200

说明：
1. 图中高程以m计，其余尺寸以cm计。
2. 进口挡土墙采用50cm×50cm预制混凝土板，前池翼墙采用φ10@200钢筋网。
3. 出口连接一二支渠采用挡土墙采用表层φ10@200钢筋网，挡土墙之间且于消力消力池之间连接止水。
4. 水泵出口钢管上铺设20cm保温板防冻，保温板水平外延2m。

附图 6—4 细部图

211

附录七　重　力　坝

本工程建筑物主要由挡水建筑物、泄水建筑物、放空建筑物及取水设施、输水设施等组成。

大坝采用 C15 埋石混凝土重力坝。坝轴线方向为 N16.14°E。坝轴线控制点坐标 A(3336958.0122，549624.4546)，B(3336855.2279，549594.7158)。

坝轴线长 102.00m，分为左、右岸非溢流坝段和溢流坝段，左岸非溢流坝段长 50m，右岸非溢流坝段长 35m，河床溢流坝段长 17m。左、右岸非溢流坝段坝顶宽度 5m，坝顶高程 1489.5m，最大坝高 31.5m，最大坝底宽度 28.25m，坝体上游面 1469m 高程起坡，坡比 1∶0.15，下游坝坡为 1∶0.80，起坡点高程为 1485m。

泄水建筑物布置在河床中部，坝顶设置表孔，共设 3 孔，溢流堰净宽 9.0m，无闸控制。堰顶高程 1487.00m，堰顶上游采用三段圆弧连接，半径分别为 $R1=0.75m$，$R2=0.3m$，$R3=0.06m$。堰顶平直段宽 1.0m，下游接 WES 实用堰，曲线方程为 $y=0.354236x^{1.85}$。直线连接段坡比 1∶0.9，反弧段半径 10m，采用挑流消能方式，挑射角 20°，挑流鼻坎高程 1469.10m。为方便交通，设宽 5m 的现浇交通板桥跨过溢流堰，桥面顶高程 1489.50m。

溢流坝段最大坝底宽度 29.28m，坝体上游面 1469m 高程起坡，坡比 1∶0.15，下游坝坡为 1∶0.8，起坡点高程为 1485m。

溢流坝两边墩下游接导墙，导墙型式采用矩形，导墙厚度为 1m。下游设置护坦，长 10m，宽 11m。

进水口布置于大坝非溢流坝段坝 0+070.20m 处。进水口分四层取水，取水管中心线高程分别为 1468.75m、1473.35m、1477.95m、1482.55m，取水管均采用钢管，层管径为 0.5m，底层取水管兼作水库生态放水及放空管，取水流量 $0.291m^3/s$。

进水口包括下部结构、上部结构、闸阀室及消能设施组成。

下部结构包括检修闸门（拦污栅），进水口流道为 C20 钢筋混凝土结构，孔口净宽 1.2m，底板高程为 1467.85m。进水口流道底板厚度为 1.8m。因底层进水口兼作放空管，布置于水库死水位以下，为引水管道检修安全，在进水口前部设置一道检修闸门。检修闸门孔口尺寸 1.2m×1.2m。

进水口的操作及检修平台的高程为 1489.5m。操作平台上设检修闸门启闭机排架。启闭机安装高程为 1492.63m，设固定式启闭机一台。操作平台尺寸 4m×2.925m(宽×长)。排架尺寸 0.3m×0.5m(宽×长)。

底层取水钢管中心线为 1468.75m，上 3 层取水钢管与底层钢管横穿坝体，以平行下游坝面岔管连接，岔管管径为 0.5m。4 层取水钢管闸阀室设在大坝下游坝体内，闸阀室底板高程分别为 1472.35m、1476.95m 和 1481.55m，净空尺寸 2.6m×2.5m。交通采用下游坝面爬梯。

底层钢管在大坝下游设闸阀室，闸阀室底板高程 1467.85m，净空尺寸 5m×5m。

闸阀室下游为末端镇墩，镇墩宽 2.4m，高 2.4m，采用 C20 混凝土现浇。镇墩下游侧为消力池，消力池长 10.50m，宽 1.0m，池底高程为 1467.25m，池顶高程为 1470.7m，底板厚 0.5m，底板及边墙均采用 C20 混凝土现浇。

底层取水管兼作水库放空管及生态流量放水管。由流量控制阀控制内径 500mm，中心线为 1468.75m，生态放水管接进水口消力池处，采用流量阀控制水流。采用管径 DN200 钢管接入大坝下游消力池。生态水量为 0.0068m³/s。

附图 7-1、附图 7-2 是装配完成的项目三维视图。

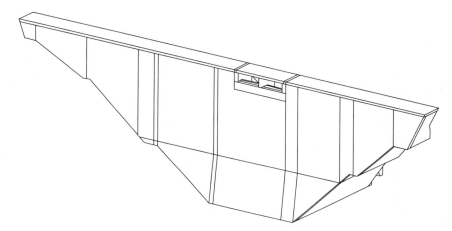

附图 7-1　重力坝上游三维视图

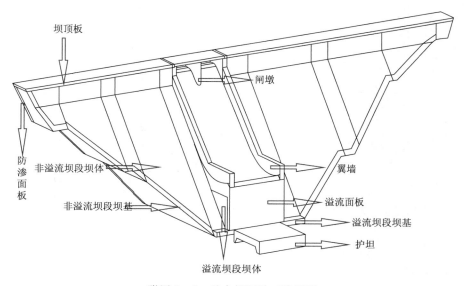

附图 7-2　重力坝下游三维视图

依据模型形成的上游立面图、下游立面图、重力坝平面图如附图 7-3～附图 7-5 所示。

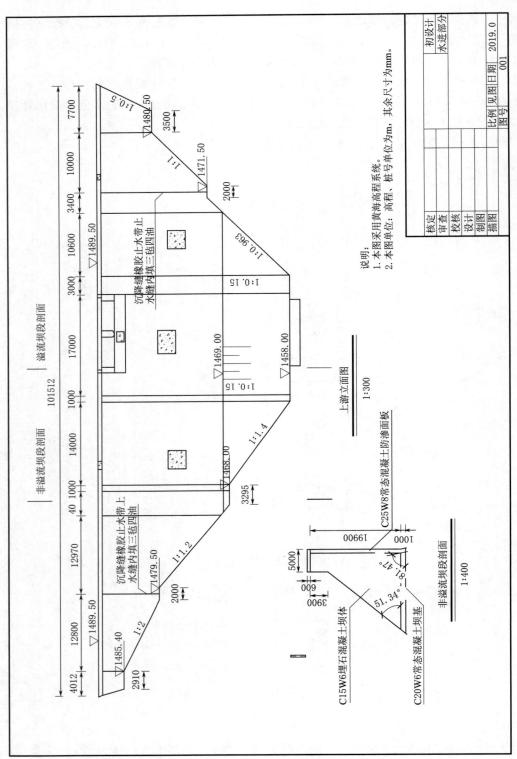

附图 7-3　上游立面图

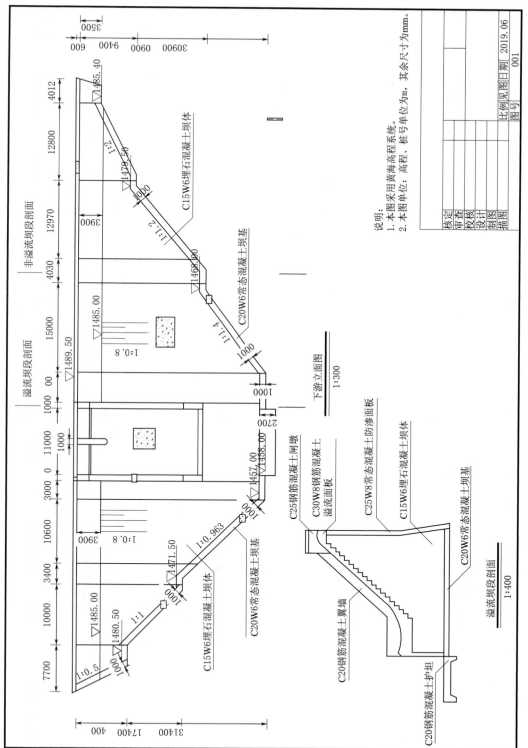

附图 7-4 上游立面图

215

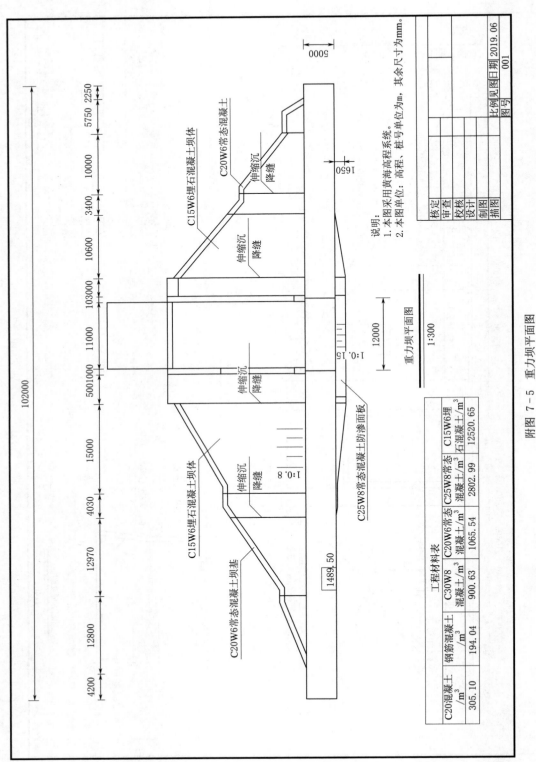

附图 7-5　重力坝平面图

附录八 拱 坝

某水电站位于广东省乳源瑶族自治县南水支流汤盆水上，坝址以上控制流域面积190km²。本水库是一个以发电为主的工程，设计水头255m，水库正常蓄水位447.00m，总库容2160万m³。

本工程为三等工程，大坝按3级建筑物设计。设计洪水位50年一遇，校核洪水位500年一遇。设计洪水位447.9m，设计下泄流量1100m³/s；校核洪水位449m，校核下泄流量1620m³/s。

枢纽工程由大坝、引水隧洞、电站等建筑物组成。大坝为双曲拱坝，坝顶高程450.00m，最大坝高80m，坝底厚9m，顶厚3m，拱坝断面厚高比0.11，拱坝最大中心角101°24′，最小中心角76°24′24″。

坝址地形：V形河谷地带，河床狭窄，两岸坡度约45°～50°，均有大片基岩出露，左岸高程425m以上，覆盖层较厚；右岸高程420m以上，覆盖层较薄，顺坡裂隙较为发育，并有东西向断层通过。

以10m为界，按标高将大坝分为8个拱圈平面，左右岸共16个悬臂梁。各部分详细尺寸均已展示在附表8-1中。

附表8-1　　拱坝主要尺寸表

高 程	拱圈厚度 T	拱轴半径 $R_{中}$	内弧半径 $R_{内}$	外弧半径 $R_{外}$	拱冠距参考轴 dc
450.00	300	10375	10225	1525	975
440.00	425	9825	9612	10037	780
430.00	425	8286	8074	8499	601
420.00	450	7037	6812	7262	400
410.00	500	5782	5532	6032	216
400.00	550	4625	4350	4900	100
390.00	625	3664	3352	3977	78
380.00	800	2950	2550	3350	200
370.00	900				350

高 程	左半角 $\phi_{左}$	右半角 $\phi_{右}$	拱端加厚	附 注
450.00	38°12′12″	38°12′12″	0	两岸拱端延长
440.00	42°50′	42°50′	200	左端拱圈延长
430.00	43°6′36″	43°6′36″	200	左端拱圈延长
420.00	50°20′30″	45°45′	200	

高　程	左半角 $\phi_{左}$	右半角 $\phi_{右}$	拱端加厚	附　注
410.00	51°36′	47°39′	200	
400.00	50°42′	50°42′	200	
390.00	49°33′30″	49°33′30″	200	
380.00	42°00′	42°00′	100	
370.00				

依据所搭建模型，形成的三维视图、拱坝结构图、拱冠梁剖面图、拱坝径向剖面图、拱坝纵向剖面图、拱坝平面布置图如附图 8-1～附图 8-6 所示。

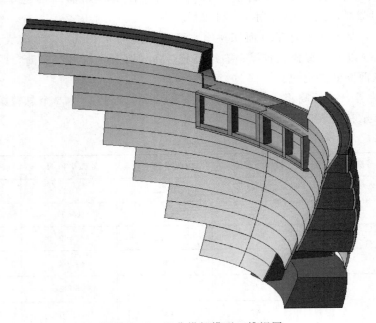

附图 8-1　双曲拱坝模型三维视图

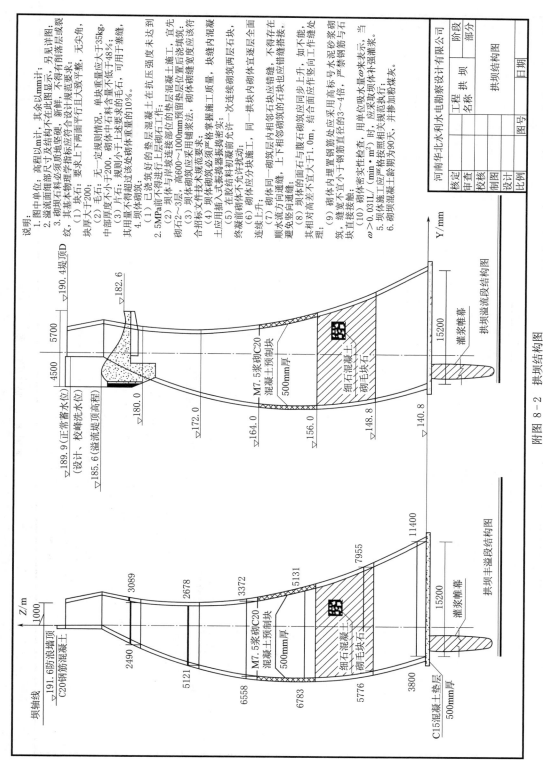

附图 8-2 拱坝结构图

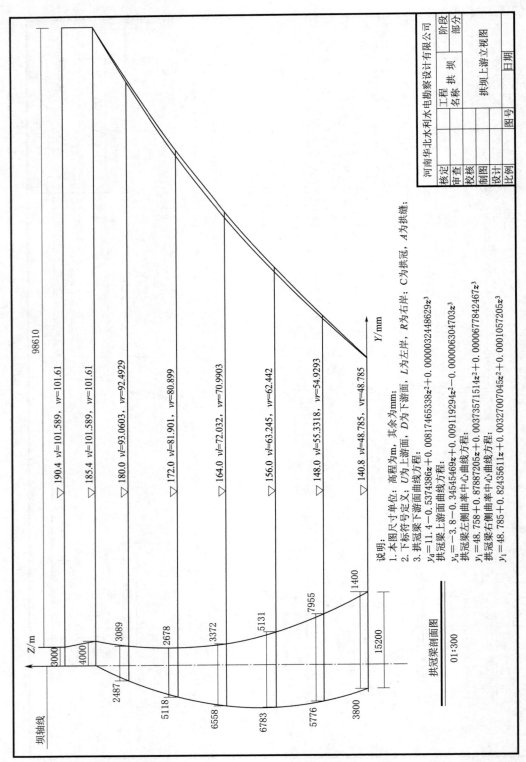

河南华北水利水电勘察设计有限公司

附图 8-3 拱冠梁剖面图

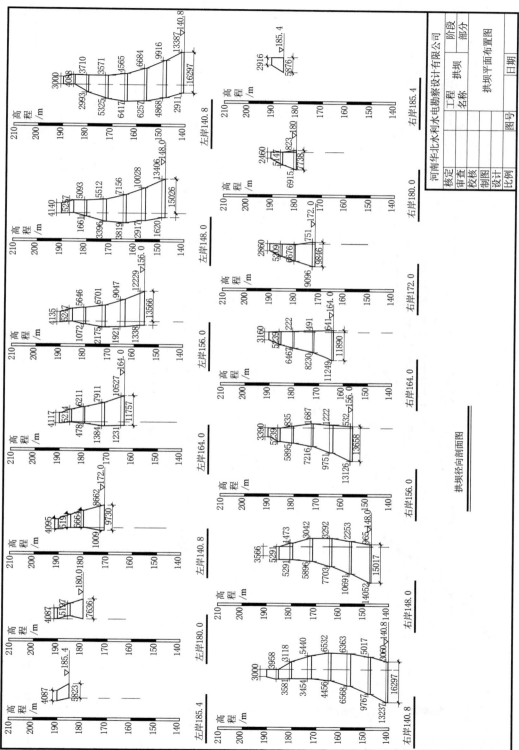

附图 8-4 拱坝径向剖面图

221

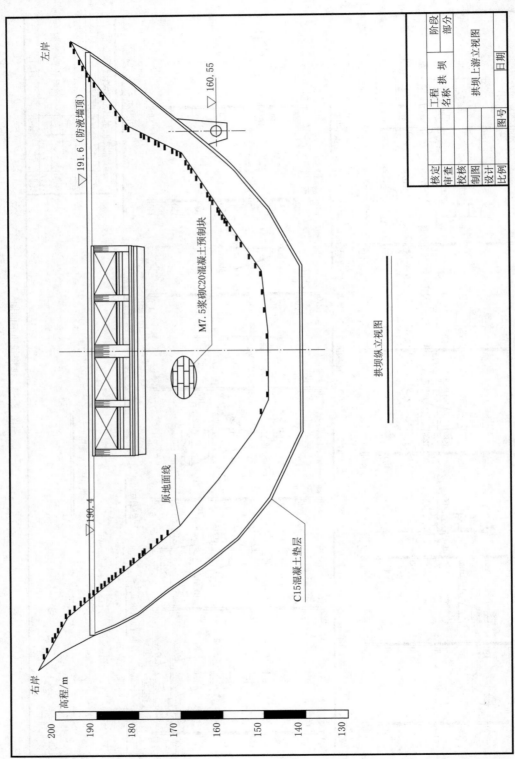

附图 8-5　拱坝纵向剖面图

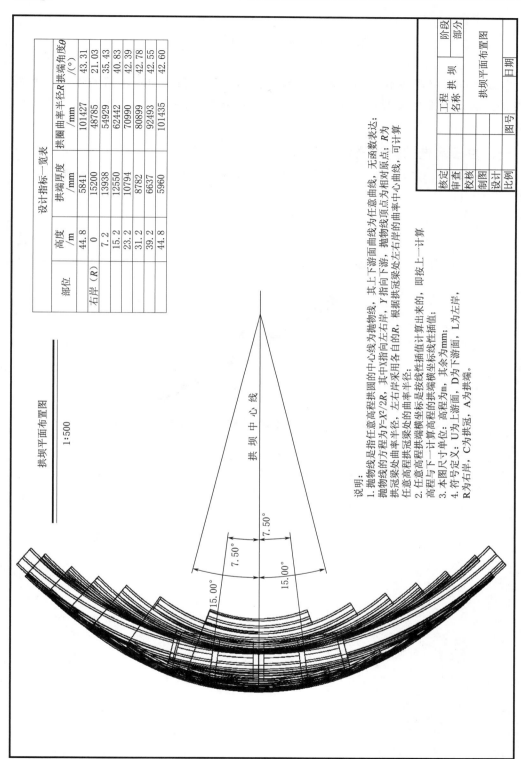

设计指标一览表

部位	高度/m	拱端厚度/mm	拱圈曲率半径R/mm	拱端角度θ/(°)
右岸（R）	44.8	5841	101427	43.31
	0	15200	48785	21.03
	7.2	13938	54929	35.43
	15.2	12550	62442	40.83
	23.2	10794	70990	42.39
	31.2	8782	80899	42.78
	39.2	6637	92493	42.55
	44.8	5960	101435	42.60

拱坝平面布置图
1:500

拱 坝 中 心 线

7.50°　7.50°
15.00°　15.00°

说明：
1. 抛物线是指任意高程拱圈圆的中心线为抛物线，其上下游面曲线为任意曲线，无函数表达；抛物线的方程为 $Y=X^2/2R$，其中X指向左右岸，Y指向下游，抛物线顶点为自身相对质点，R为拱冠梁处曲率半径，左右岸采用各自的R，根据拱冠梁处左右岸的曲率中心线，可计算任意高程拱冠梁处曲率半径；
2. 任意高程拱端横坐标是按线性插值计算出来的，即按上一计算高程与下一计算高程插值；
3. 本图尺寸除下一计算单位：高程为m，其余为mm；
4. 符号定义：U为上游面，D为下游面，L为左岸，R为右岸，C为拱冠，A为拱端。

附图 8-6 拱坝平面布置图

阶段		部分	
工程名称	拱 坝		
		拱坝平面布置图	
图号		日期	
核定			
审查			
校核			
制图			
设计			
比例			

附录九 隧 洞

白云水电站泄洪隧洞、满拉水利枢纽侧槽泄洪隧洞和沙牌水电站漩流式竖井泄洪隧洞，这三项工程类型各不相同且比较具有代表性，因此以这三个项目为例搭建模型。

一、白云水电站泄洪隧洞工程

搭建完成的白云水电站泄洪隧洞工程模型三维视图及图纸如附图 9-1～附图 9-5 所示。

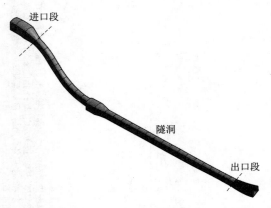

附图 9-1 白云水电站泄洪隧洞三维视图

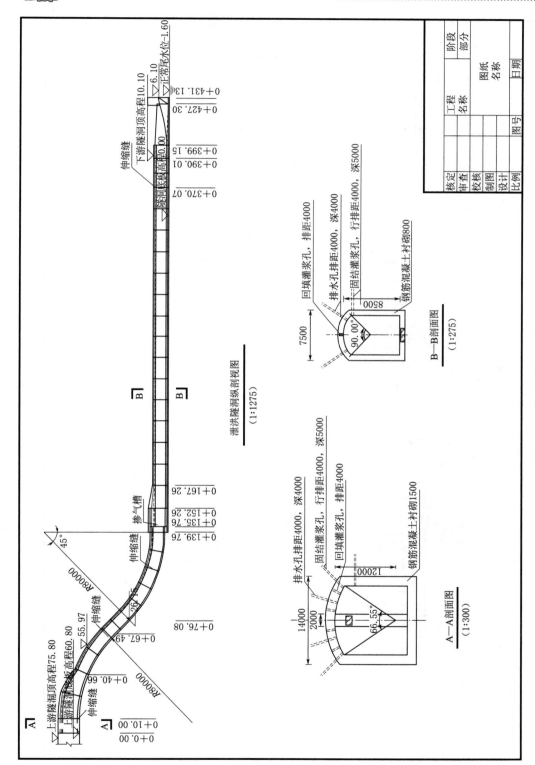

附图 9－2　泄洪隧洞纵剖视图

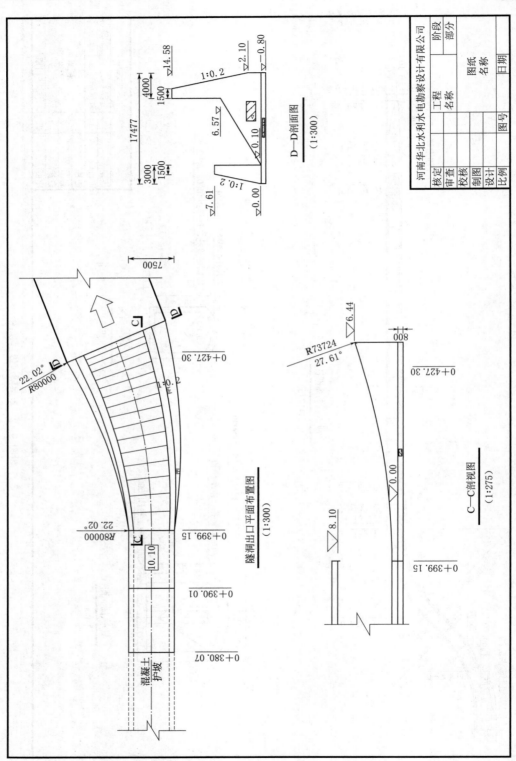

附图 9-3　隧洞出口平面布置图

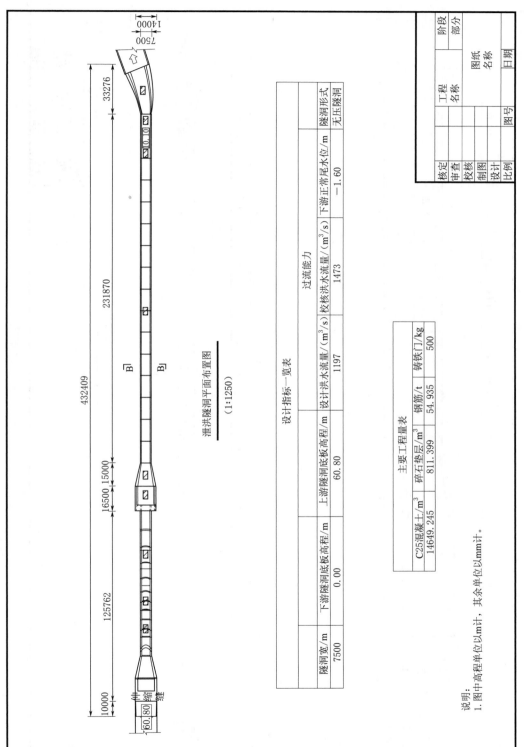

泄洪隧洞平面布置图

（1:1250）

设计指标一览表

隧洞宽/m	下游隧洞底板高程/m	上游隧洞底板高程/m	隧洞形式
7500	0.00	60.80	无压隧洞

过流能力

设计洪水流量/(m³/s)	校核洪水流量/(m³/s)	下游正常尾水位/m
1197	1473	−1.60

主要工程量表

C25混凝土/m³	碎石垫层/m³	钢筋/t	铸铁门/kg
14649.245	811.399	54.935	500

说明：
1. 图中高程单位以m计，其余单位以mm计。

附图 9-4 平面布置图

阶段		部分	
核定		图纸 名称	
审查			
校核			
制图			
设计	工程 名称		
比例	图号		日期

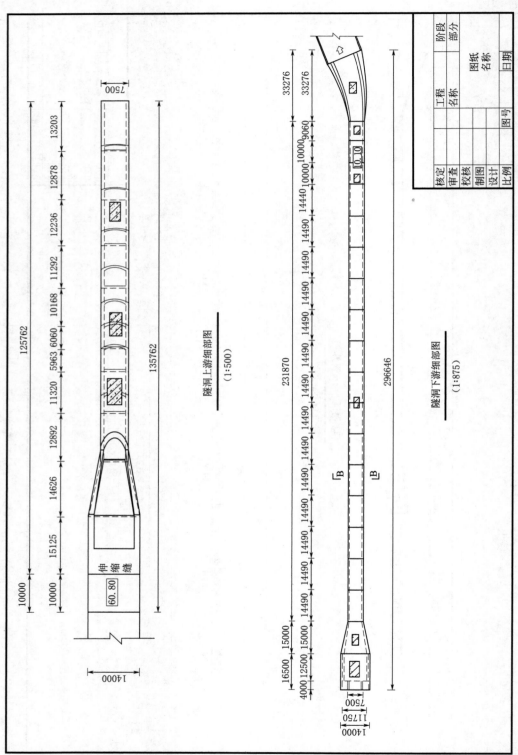

附图 9 - 5 隧洞上游细部图

二、满拉水利枢纽侧槽泄洪隧洞

满拉水利枢纽侧槽泄洪隧洞的模型三维视图以及图纸如附图 9-6～附图 9-9 所示。

附图 9-6　满拉水利枢纽侧槽泄洪隧洞三维视图

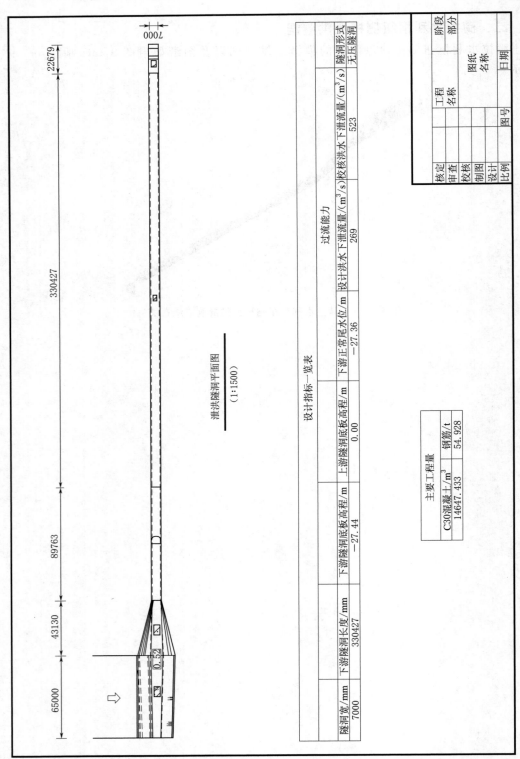

泄洪隧洞平面图
（1:1500）

设计指标一览表

			过流能力		
上游隧洞底板高程/m	下游隧洞底板高程/m	下游正常尾水位/m	设计洪水下泄流量/(m³/s)	校核洪水下泄流量/(m³/s)	隧洞形式
0.00	−27.36		269	523	无压隧洞

主要工程量

C30混凝土/m³	钢筋/t
14647.433	54.928

隧洞宽/mm	下游隧洞长度/mm
7000	330427

附图 9-7　泄洪隧洞平面布置图

230

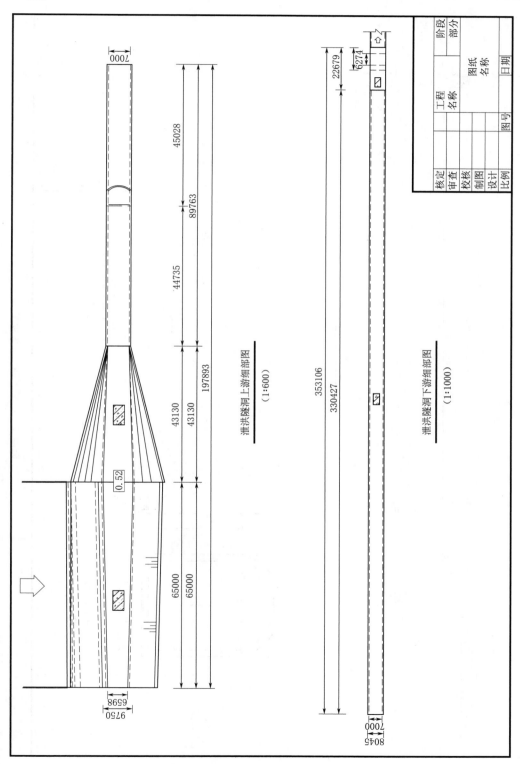

附图 9-8 泄洪隧洞上游细部图

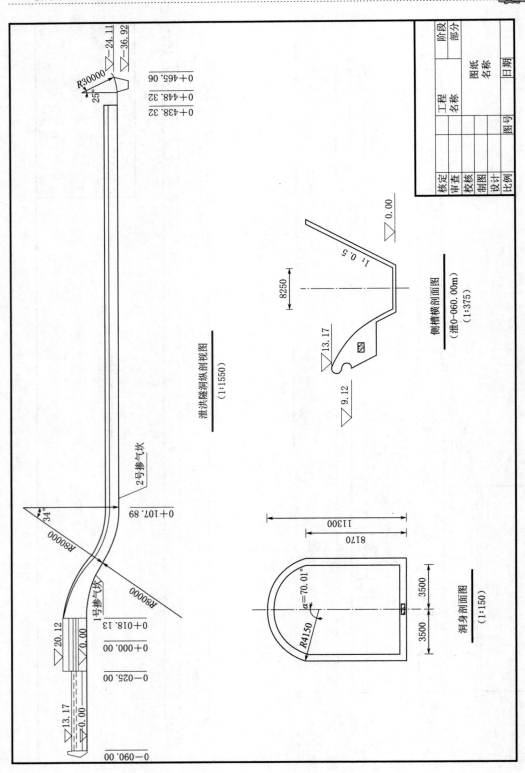

附图 9 - 9 泄洪隧洞纵剖视图

三、沙牌水电站漩流式竖井泄洪隧洞

沙牌水电站漩流式竖井泄洪隧洞的模型三维视图及图纸如附图 9 - 10～附图 9 - 14 所示。

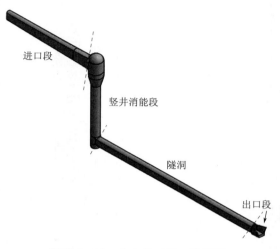

附图 9 - 10　水电站工程三维视图

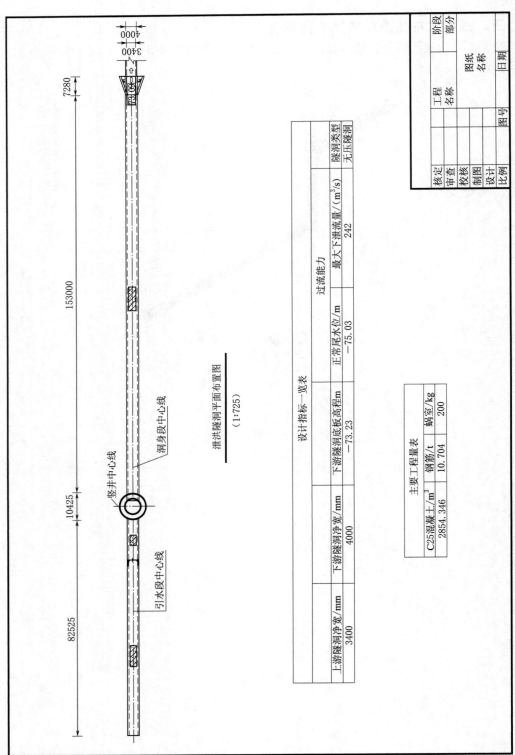

泄洪隧洞平面布置图

(1:725)

设计指标一览表

上游隧洞净宽/mm	下游隧洞净宽/mm	下游隧洞底板高程/m	过流能力		隧洞类型
			正常尾水位/m	最大下泄流量/(m³/s)	
3400	4000	−73.23	−75.03	242	无压隧洞

主要工程量表

C25混凝土/m³	钢筋/t	蜗室/kg
2854.346	10.704	200

附图 9-11 隧洞平面布置图

234

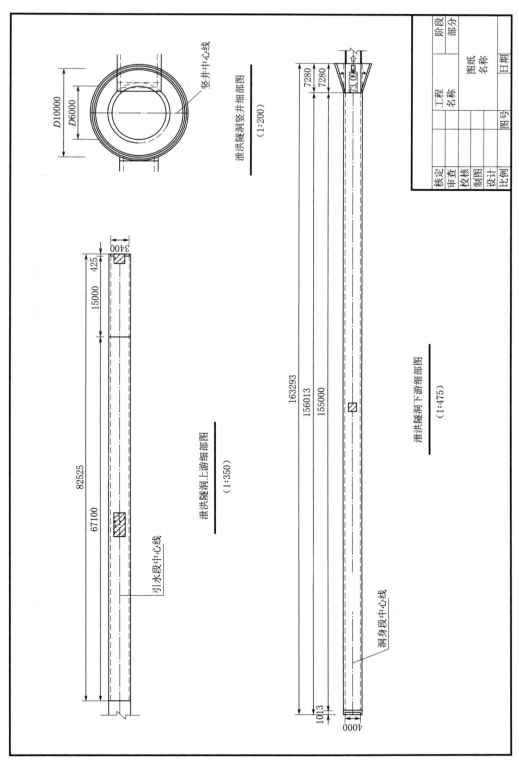

附图 9 - 12 泄洪隧洞细部图

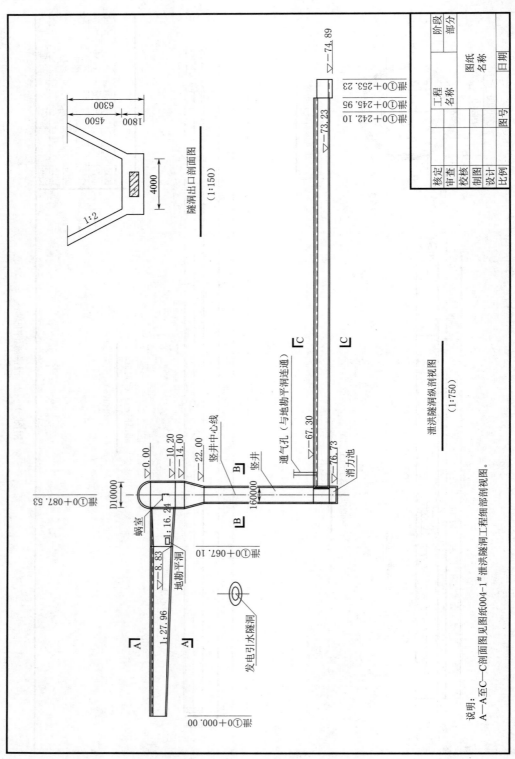

附图 9 - 13　泄洪隧洞纵剖视图

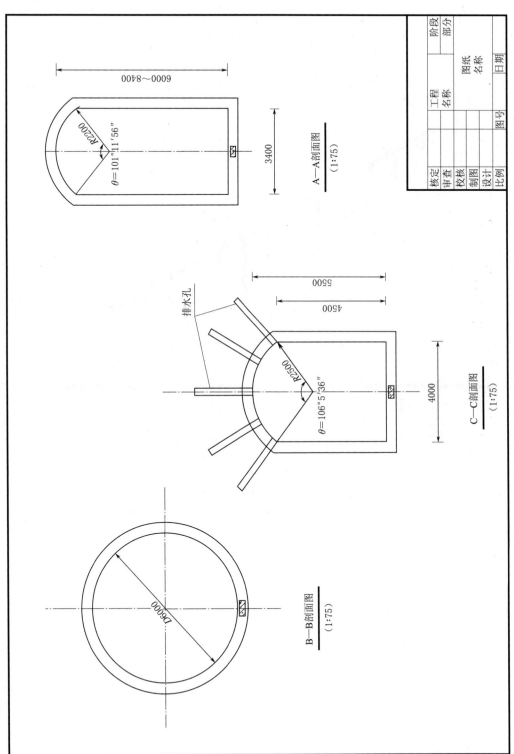

附图 9 - 14　泄洪洞工程细部剖视图

附录十 渡 槽

　　利用所建渡槽族搭建起来的梁式渡槽模型三维视图如附图 10-1 和附图 10-2 所示。依据模型形成的纵剖视图、支撑结构接头图如附图 10-1～附图 10-2 所示。

附图 10-1　梁式渡槽轴侧图

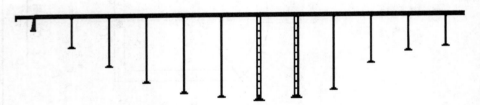

附图 10-2　梁式渡槽南立面视图

附录

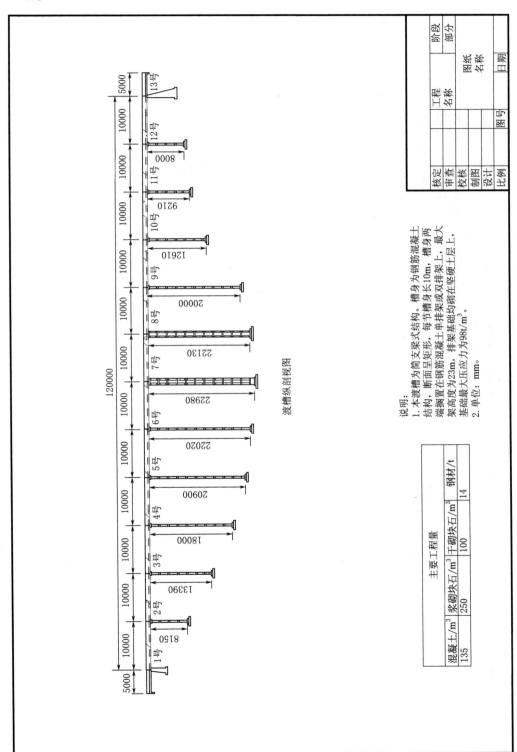

渡槽纵剖视图

说明:
1. 本渡槽为简支梁式结构。槽身为钢筋混凝土结构,断面呈矩形,每节槽长10m,槽身两端搁置在钢筋混凝土单排架或双排架上,最大架高度为23m,排架基础均砌在坚硬土层上,基础最大压应力为98t/m³。
2. 单位: mm。

主要工程量

混凝土/m³	浆砌块石/m³	干砌块石/m³	钢材/t
135	250	100	14

附图 10－3 001－渡槽纵剖视图

239

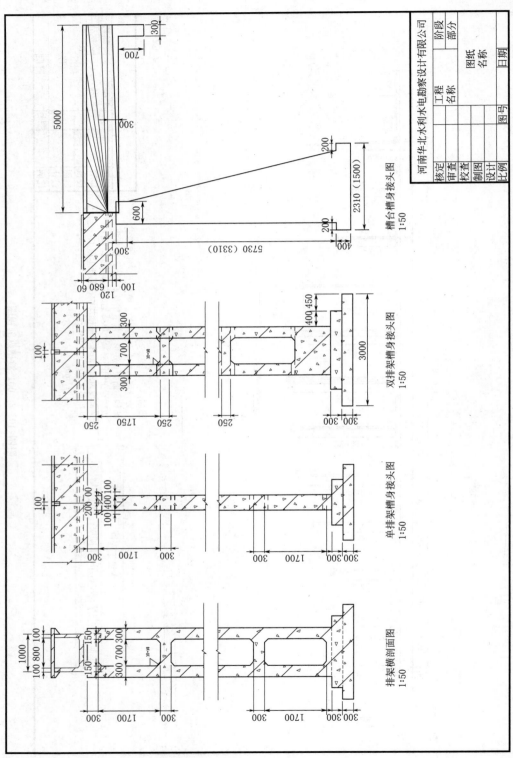

附图 10－4 002－支承结构接头图

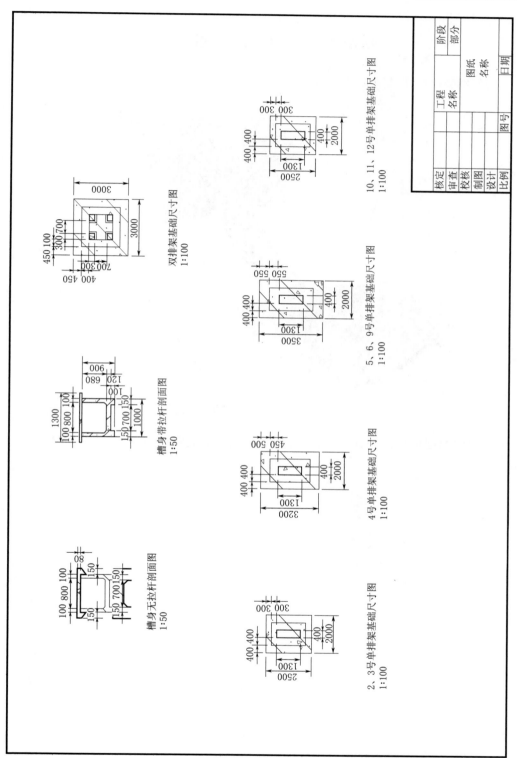

附图 10－5　003－槽身及基础视图

附录十一　倒　虹　吸

利用倒虹吸族搭建模型如附图 11-1 所示。

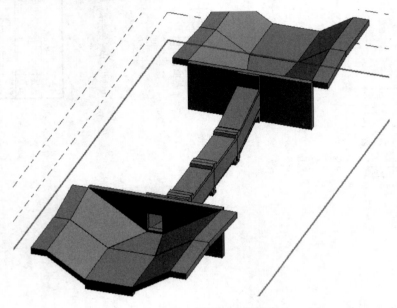

附图 11-1　倒虹吸三维模型

依据所建模型形成的平面布置图、纵剖视图和剖面图如附图 11-2～附图 11-3 所示。

附 录

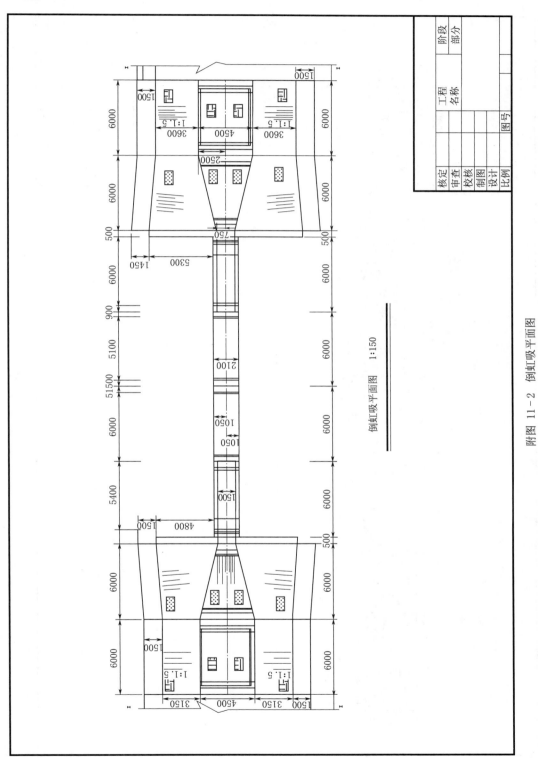

倒虹吸平面图 1:150

附图 11-2 倒虹吸平面图

243

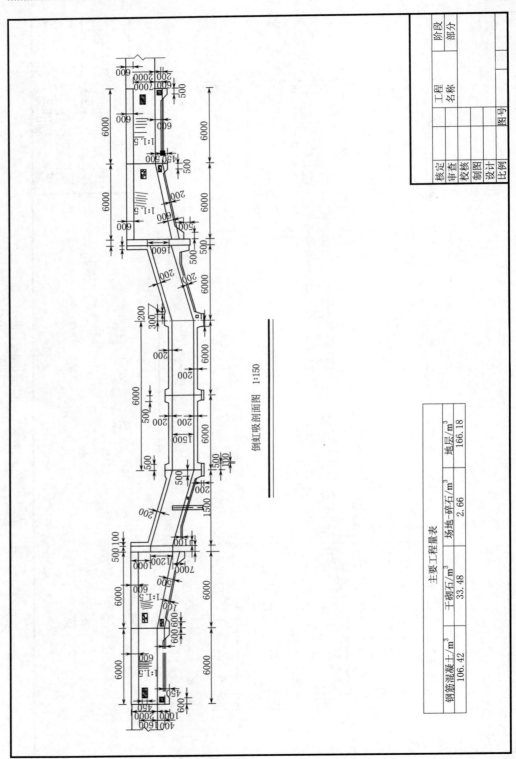

倒虹吸剖面图　1:150

主要工程量表

钢筋混凝土/m³	干砌石/m³	场地-碎石/m³	地层/m³
106.42	33.48	2.66	166.18

附图 11-3　倒虹吸剖面图

附录十二 橡 胶 坝

附图 12-1～附图 12-2 是装配好的橡胶坝三维视图。

单击可进行选择；按"Tab"键并单击"Ctrl"键并单击可将新项目添加到选击可取消选择。

附图 12-1 橡胶坝（1）模型三维视图

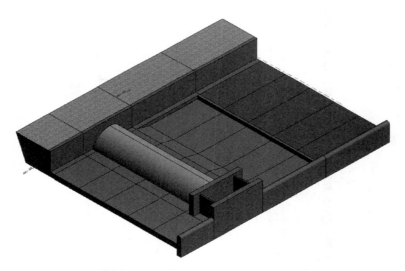

附图 12-2 橡胶坝（2）模型三维视图

依据所搭建模型形成的橡胶坝平面布置图、剖面图如附图 12-3、附图 12-4 所示。

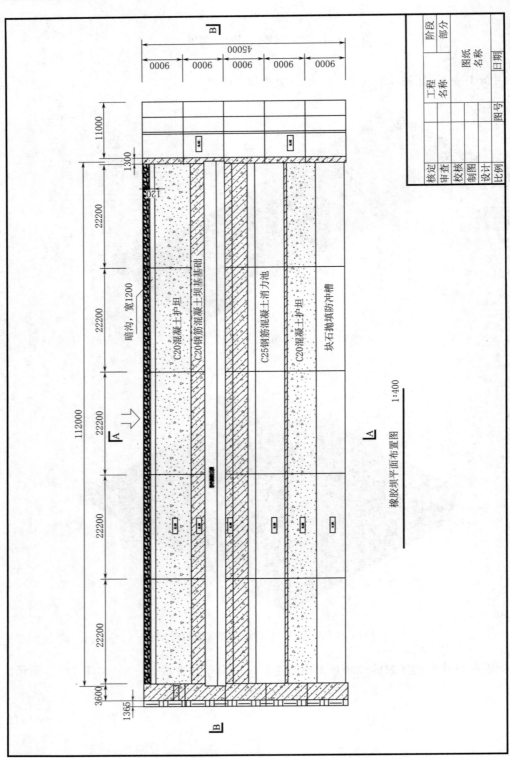

橡胶坝平面布置图   1:400

附图 12-3 橡胶坝平面布置图

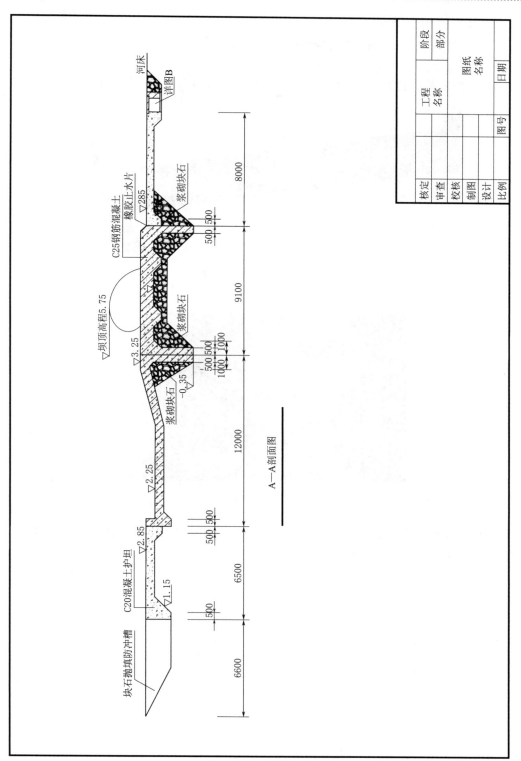

附图 12－4　A—A剖面图

附录十三　翻　板　坝

以港口水电站工程为例，所搭建模型三维视图如附图 13-1 和附图 13-2 所示。

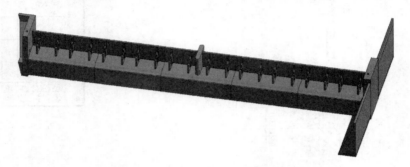

附图 13-1　港口水电站三维模型

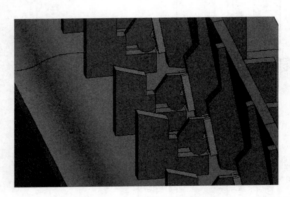

附图 13-2　闸门细部构造

依据所搭建模型形成的港口水电站翻板坝工程平面布置图、剖面图、上游立视图、下游立视图如附图 13-3～附图 13-6 所示。

附录

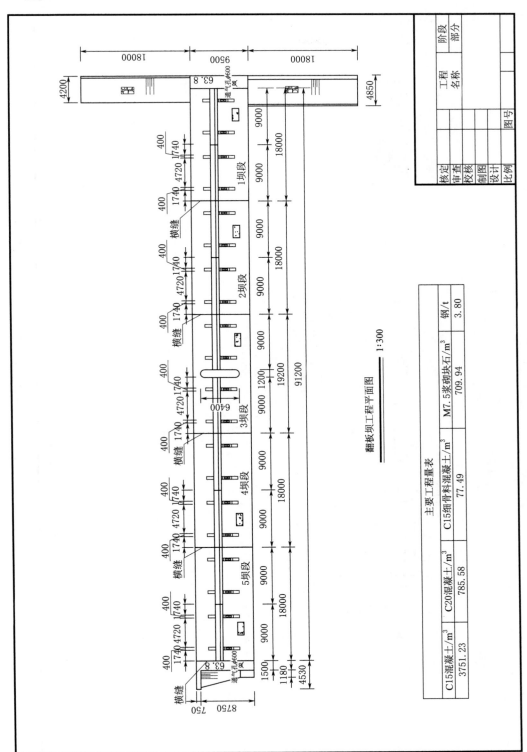

附图 13-3 翻板坝工程平面图

249

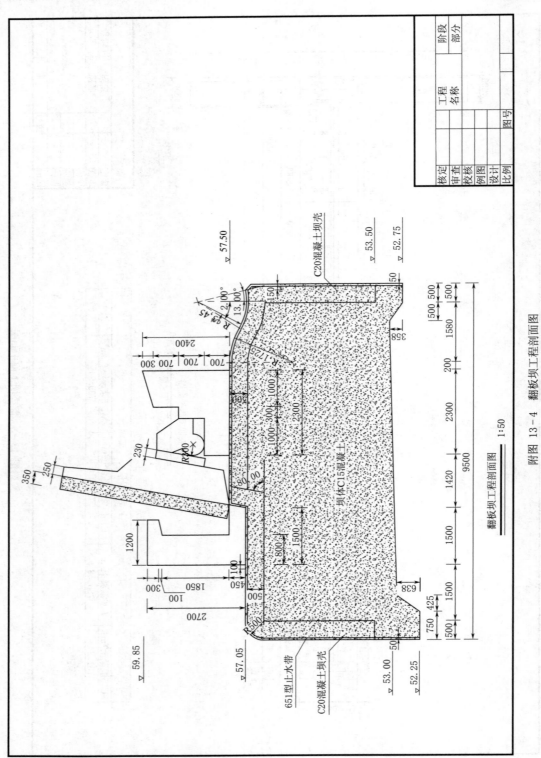

翻板坝工程剖面图　　1:50

附图 13 - 4　翻板坝工程剖面图

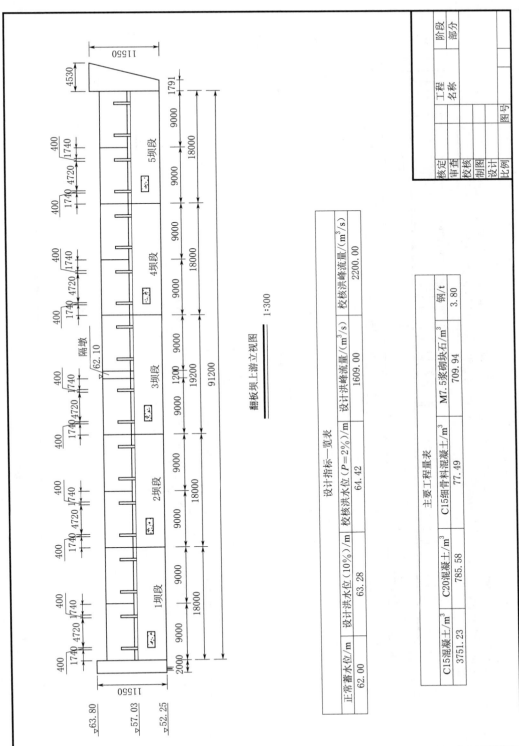

翻板坝上游立视图 ——— 1:300

设计指标一览表

正常蓄水位/m	设计洪水位（10%）/m	校核洪水位（P=2%）/m	设计洪峰流量/（m³/s）	校核洪峰流量/（m³/s）
62.00	63.28	64.42	1609.00	2200.00

主要工程量表

C15混凝土/m³	C20混凝土/m³	C15细骨料混凝土/m³	M7.5浆砌块石/m³	钢/t
3751.23	785.58	77.49	709.94	3.80

附图 13－5　翻板坝上游立视图

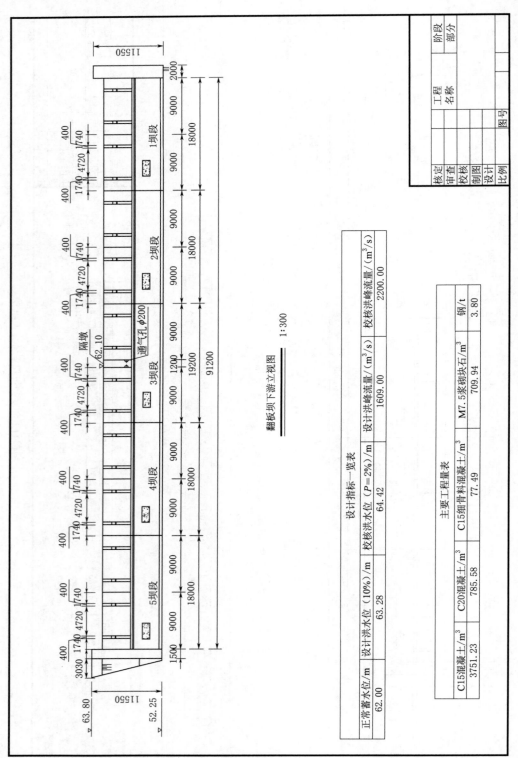

翻板坝下游立视图 —— 1:300

设计指标一览表

正常蓄水位/m	设计洪水位（10%）/m	校核洪水位（P=2%）/m	设计洪峰流量/（m³/s）	校核洪峰流量/（m³/s）
62.00	63.28	64.42	1609.00	2200.00

主要工程量表

C15混凝土/m³	C20混凝土/m³	C15细骨料混凝土/m³	M7.5浆砌块石/m³	钢/t
3751.23	785.58	77.49	709.94	3.80

附图 13－6　翻板坝下游立视图

附录十四　低压管道

以某低压管道工程为例搭建模型，该工程信息如下。

（1）①系统控制面积 13.33hm²，属于平原区，土质属于中壤土，种植作物为小麦，项目区内水源井出水量 60m/h 左右，机井动水位 40m。

（2）②系统管网为干管。支管两级。干管为外径 160mm，壁厚 4.7mm 的 PVC-U 管；支管为外径 110mm，壁厚 3.2mm 的 PVC-U 管；公称压力均为 0.63MPa。

（3）①系统控制面积 14.0hm²，属于丘陵区，土质属于沙壤土，种植作物为果树，项目区内水源井出量 60m/h 左右，机井动水位 135m。

（4）②系统官网为干管、分支管、支管三级。干管为外径 160mm，壁厚 4.7mm 的 PVC-U 管，分干管为外径 125mm，壁厚 3.7mm 的 PVC-U 管，支管为外径 110mm，壁厚 3.2mm 的 PVC-U 管，公称压力均为 0.63MPa[5]。

（5）此地块采用手动控制设计，首部安装有时序逆止阀、压力表、阀、进排气阀，阀门采用普通阀。并且增加灌溉效果以及首部安装流量表以满足具体灌溉需求，实现灌溉充足。

（6）根据地形选择灌溉方式，一般低压管道选用树状管网，地形复杂时采用环状管网。

（7）地埋管路中，不平衡力的地方设置镇墩。

根据上述工程搭建的模型并形成图纸如附图 14-1、附图 14-2 所示。

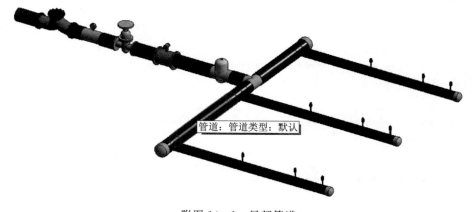

附图 14-1　局部管道

设计参数表

内容	单位	结果
土壤容重	g/cm²	1.47
计划湿润层深度	cm	60
田间持水量（占干土量）	%	22.5
土壤含水量上线（占田间持水量）	%	95
土壤含水量下线（占田间持水量）	%	65
适宜土壤含水量下线（占干土量）	%	14.63
适宜土壤含水量上线（占干土量）	%	21.38
灌溉水利用系数		0.85
灌溉定额	m²/hm²	595
最大日耗水强度	mm	5.5
设计灌水周期	d	11
系统日灌溉时间	h	14
出水口间距	m	60
只管间距	m	60
给水栓设计流量	m²/h	30
轮灌组数	个	21
给水栓 一个单位工作时间	h	7
同时工作给水栓个数	个	2
同时工作给水栓总流量	m²/hm²	60
系统控制面积	hm²	13.3
系统设计流量	m³/h	60

灌溉管网平面图

（图中标注：干管、支管、给水栓（出水口）、阀门、井1020，尺寸 6000、5000、2000、1500 等）

说明：
1. 图中尺寸除管径单位以 mm 计外，其余均以 m 计。
2. 本系统控制面积 13.33，属平原区，土质属中壤土，种植作物为小麦。项目区内小源井小源井出水量 60m/h 左右，机井动水位 40m。
3. 系统管网为干管，支管两级。干管为外径 160mm，壁厚 4.7mm 的 PVC-U 管，支管为外径 110mm，壁厚 3.2mm 的 PVC-U 管。公称压力均为 0.63MPa。
4. 给水栓（出水口）处设计防冲水槽。畦田与灌水沟的规格及适宜灌溉流量应根据当地实验资料确定。
5. 在管道末端、转角或成设置泄水井，根据现场勘测确定泄水井的具体位置。
6. 在干管最低处设置压力井头或设置泄水井，可参照《农田低压管流输水灌溉工程技术规范》GB/T 20203。
7. 同时开启两个以上给水栓时，应对称开启，尽量避免在同一条支管上相邻开启两个或多个出水口，以免水流量过大。

附图 14-2　灌溉网平面图

第二部分	节水灌溉与雨水继续利用工程
图名	
图号	12-3 (1/2)

参 考 文 献

［1］牛立军，王博．水利工程概预算及其 Excel 应用［M］．郑州：黄河水利出版社，2019．

［2］武汉水利电力学院水力学教研室．水力计算手册［M］．北京：水利电力出版社，1983．

［3］谈松曦．水闸设计［M］．北京：水利电力出版社，1986．

［4］丘传忻．取水输水建筑物丛书：泵站［M］．北京：中国水利水电出版社，2004．

［5］林继镛．水工建筑物［M］.5 版．北京：中国水利水电出版社，2011．

［6］王柏乐．中国当代土石坝［M］．北京：中国水利水电出版社，2004．

［7］郑万勇，杨振华．水工建筑物［M］．郑州：黄河水利出版社，2004．

［8］刘韩生，花立峰．跌水与陡坡［M］．北京：中国水利水电出版社，2004．

［9］田明武．水利水电工程建筑物［M］．北京：中国水利水电出版社，2013．

［10］熊启钧．取水输水建筑物丛书：隧洞［M］．北京：中国水利水电出版社，2002．

［11］陈胜宏．水工建筑物［M］．北京：中国水利水电出版社，2004．

［12］田斌，孟永东．水利水电工程三维建模与施工过程模拟及实践［M］．北京：中国水利水电出版社，2008．

［13］清华大学课题组 BIM 课题组．设计企业 BIM 实施标准指南［M］．北京：中国建筑工业出版社，2013．

［14］吴琳，王光炎．BIM 模型及应用基础［M］．北京：北京理工大学出版社，2017．

［15］刘孟良．建筑信息模型（BIM）设计 Revit Arhitecture2016 操作教程［M］．长沙：中南大学出版社，2016．

［16］邓兴龙．BIM 技术：Revit 建筑设计应用基础［M］．广州：华南理工大学出版社，2017．

［17］中华人民共和国水利部．SL 73.1—2013 水利水电工程制图标准　基础制图［S］．北京：中国水利水电出版社，2013．

［18］李一叶．BIM 设计软件与制图［M］．重庆：重庆大学出版社，2017．

［19］张燎军．江苏省水利勘测设计研究院有限公司［册］．中小型水利水电工程典型设计图集水闸分册［M］．北京：中国水利水电出版社，2007．

［20］沈刚，毕守一．水利工程识图实训［M］．北京：中国水利水电出版社，2010．